うちの犬《コ》が認知症になりまして

ますます愛《いと》おしくなる介護のはなし

今西乃子

青春出版社

はじめに

子どものころから犬が大好きだった。

小学3年生の春、父親に駄々をこねて、近所で生まれたオスの子犬を譲り受けた。

「神様！　こんなかわいい動物をこの世につくってくれてありがとう！」

温かくて、ふわふわの子犬を抱いたとき、幼い私は心から神様に感謝した。

その晩、夜空を見上げ、父と一緒に子犬の名前を考えた。

子犬は、「美しい星」（英語でビューティフルスター）と書いて「ビスタ」と名付けられた。

13年後、ビスタは天に召され、本物の小さな星となった。

実家から離れた遠い場所で暮らしていた私は、父からの手紙で、ビスタの死を知った。

13歳での他界は、当時（昭和）の犬なら天寿を全うだろう。

そう思ったが、次から次へと涙があふれ、ビスタに申し訳ない気持ちでいっぱいになった。

父親に世話を任せ、たくさんの喜びをくれたビスタに、何ひとつ恩返しができなかった。

ビスタの晩年に寄り添えなかった自分が腹立たしく、悔やまれてならなかったのだ。

それ以来、私にとって「愛犬の老後」は、特別なものとなった。

語りつくせないほど多くの喜びをくれた彼らへの「恩返し」。

それが、愛犬の老後のお世話だ。

その後、家族となったウェルシュ・コーギーの蘭丸《らんまる》は、癌《がん》と変性性脊髄症の病に侵され、12歳という早さで天国へ――。

二度の手術を経て、不自由になった後ろ脚を補助するため車いすをつくったが、乗れたのはわずか半年。最期を看取《みと》ることができたのは幸いだったが、恩返しもままならぬ間に逝《い》ってしまった。

そして今、私は動物愛護センターから引き取った2匹の愛犬、「未来《みらい》」（柴犬）と「きらら」（ミックス）と暮らしながら、17歳を過ぎた未来の介護に日々追われている。

未来が動物愛護センターに収容されたのは、生後2か月（推定）。収容当時、右目負傷、右後ろ脚の足首から下が切断、左後ろ脚も指から先が切られていて、なかった。傷の状態から虐待だと想定される。

幸い、左後ろ脚の肉球がわずかに残っていたので、その肉球と前脚でひょっこらひょっこら歩くことができた。

我が家に来てからは、海岸散歩で体幹を徹底的に鍛えたおかげか、運動も、階段の上り下りも器用にこなし、未来のその後の日常生活に支障はなかった。

そして、1歳を過ぎたころからは、学校の「命の授業」（著者の講演会）に同行するようになり、これまで3万人以上の子どもたちと触れ合いながら、「命の可能性」と「命の尊厳」を、その身をもって伝えてきた。

未来は、障がいがあるにもかかわらず、犬の平均寿命の14歳をはるかに超えた15歳半まで、すこぶる健康で、私とともに学校に同行し続けたのである。


そんな未来にも、16歳を過ぎたころから、老いの兆しが見え始めた。

今までできたことができなくなり、介助が必要となった。

認知機能が衰え、徘徊《はいかい》や夜鳴きが始まった。

17歳を過ぎると、介助ではなく、介護が必要となった。

介護に携わるものは、相手が人間でも犬でも、きれいごとや理想だけでは、乗り切れない。

未来の夜鳴きに、毎晩4、5回は起こされる。

ひどい寝不足が1年以上続き、悲鳴を上げたくなることも多々あった。

日々変化していく老犬との暮らしは戸惑いの連続だ。

しかし、どんなときでも変わらないのは、17年もの間、一緒に暮らした「未来への感謝」の気持ちだった。

そのうち、ひとりで頑張らず、時に周囲に助けてもらい、時に愚痴をこぼし、時に「ま、いいか！」と妥協点を見つけながら、上手にお世話する術《すべ》を身につけた。

今こそ、わが子に恩返しできる絶好のチャンス。飼い主として、ここは元気に笑顔で乗り切りたい。

老いは生きているすべてのものに訪れる。

「自分の犬はまだ若いから大丈夫」と思っていても、10年後の愛犬のために、今から「支度」できることがきっとあるはずだ。

それは、語りつくせないほど多くの幸せをくれた愛犬への「恩返し」の「準備」であることを忘れてはならない。

児童文学作家　今西乃子

うちの犬《コ》が認知症になりまして

目次

パート1 愛犬・未来、おばあちゃんになる

パート2

愛犬・未来、認知症になる

パート3

老犬との暮らしのコツ

パート4 老犬に学ぶ

カバー&本文イラスト・漫画……あたちたち
本文デザイン……………岡崎理恵
本文写真…………………浜田一男

パート
1

愛犬・未来、おばあちゃんになる

こらえ性がなくなるって、年取った証拠？

我が家の未来は全く無駄《むだ》吠《ぼ》えのない犬だった。
我が家にやってきてから、これまで「ワン！ ワン！」と吠えたのは、わずか二度。

犬を飼っている人はこの数字に驚くだろうが、うそではない。

一度は野良猫が我が家の庭に侵入してきたとき。もう一度は真夜中の就寝時。
原因は不明だが、壮年期までの未来は、気位が高く、堂々として吠えない、何事にもおびえない、しっぽを下げない、アルファ気質（＝リーダー的な資質）のメス犬だった。

そんな未来が、「ウォーン！ ウォーン！」と遠吠えのような声で鳴き始めたのは、14歳を半年過ぎた頃。「命の授業」を終え、車に乗っているときだった。我が家の子たちは車での移動時、クレートに入れ、リアシートに乗せる。安全で犬自身が、最も落ち着ける乗車方法だ。

多くの学校に同行してきた未来は、長距離の移動もお手の物。遠距離だと500キロ、600キロを移動することもあったが、乗るや否やクレートの中で爆睡するほど、いつもリラックスしていた。トイレのために立ち寄るサービスエリアでも常にご機嫌だった。

その未来が、突然、学校からの帰り道に「ウォーン！ ウォーン！」と車の中で鳴き始めたのだ。トイレと思ったが、そうではないらしい。疲れたのか、機嫌が悪いのか、鳴き続ける。

あまりにも鳴き続けるので、クレートから出し、私の膝（運転はダンナがしている）の上に乗せるとすぐにおさまり、疲れたのかすやすやと寝てしまった。長時間の車での移動や子どもたちとの触れ合いタイムは、精神的にも体力的にも疲れを伴う。未来も年を取って「こらえ性」がなくなってきたのだ。

そろそろ学校への同行は限界だと思った。

ところがその後も、私が講演会用のパソコンを持って玄関に行くと、「自分も行く」とばかりに、しっぽを振ってすっ飛んでくる。未来は学校と子どもたちが好きなのだ。

学校で子どもたちと会うと楽しいのか、学校に行った翌日は元気いっぱいだった。

車に乗るときもクレートに入れず後部座席でカドラー（＝犬用ベッド）に入れ、私が隣に座っていれば安心するのか落ち着いている。

結果、未来は15歳半まで学校に同行し続け、その使命を一度の失敗もなく立派に果たしてくれた。

それでも「こらえ性」がなくなったのは確かなようだ。

ある日、いつものようにかかりつけの動物病院を訪れたときのこと。

以前なら、苦手な病院でも決して鳴き叫ぶことなく、じっと耐えていた未来だったが、診察台に乗せただけで、大げさに鳴き叫ぶようになった。

吠える原因は「痛み」「不安」なども関係しているというが、鳴いたのは「車に乗っているだけ」「診察台に乗っているだけ」なので、「痛み」が伴っているとは思えない。

獣医師の先生の話では、高齢になり、目が見えづらくなったり、耳が聞こえづらくなったりで、以前より不安を感じやすくなってきたのだという。

「年を取って、わがままになって、こらえ性がなくなったんですかね？」

私が冗談っぽく先生に聞くと、「そうだね！　まあ、人間も犬も一緒だよ」と笑顔であっさり。

「おばあちゃんですけど、まだまだ元気です。我が家に子犬のときに来てから一度もご飯を残したこともありませんし、お散歩にも毎日楽しそうに行っています」

先生が未来をなでながら、また笑った。

その後、病院で健康診断を受けても、血液検査の結果は「はなまる」。心臓にも雑音ひとつない。体は至って健康そのものだ。

「元気で長生きできるね！　未来ちゃん」

「ありがとうございます！　これからゆっくり、穏やかな老後を過ごせるようお世話、がんばります！」

　先生と話しながら、そのときの私は、「未来も年を取って、甘えん坊で、さびしがりやさん」になったのかなあと、実にのんきなことを考えていた。

ばあちゃん犬未来の ここがポイント 1

老犬になると、耳や目が悪くなって、不安が増すよ！

飼い主さんがそばにいないと、不安で鳴いちゃうことも。

今まで簡単にできていたお留守番や、長距離での車の移動にも不安や苦痛を感じることがあるよ。

飼い主さんにはそんな気持ちを理解してほしいな。

今までと同じじゃなく、その年齢に合わせていろいろ工夫してね！

あっちこっちトイレ

お仕事（命の授業の同伴）を引退してからの未来は、時々トイレを失敗するようになった。

もちろん、自分の寝床でするようなことは決してなかったが、決められた場所ではなく、部屋じゅう、あちらこちらでトイレをするようになったのだ。

ウンチなら特に問題ない。臭いもするし、床にあればすぐに発見できる。未来が踏んづける前に、すぐ始末すれば大げさな事態には陥らない。

困るのはオシッコだ。

飼い主さんは、みなご存じだと思うが、普通のフローリングは犬の股関節にとってよくない。我が家では滑りにくい無垢材《むくざい》をフローリングに取り入れていたのだが、未来が高齢になると障がいがある後ろ脚での歩行が不安定になってきたため、カーペットを敷くことにした。

その後は歩行も安定して快適に暮らしていたが、未来がトイレの失敗をするようになると、このカーペットが大きな頭痛のタネとなった。

カーペットの洗濯は簡単ではないし、乾くのにもかなりの時間がかかる。

もちろんオムツをはかせればこの問題は解決するだろうが、まだ元気に歩いている未来にオムツは使用したくはない。未来もきっと嫌がるはずだ。

サークルを利用する、という手もあるが、我が家の犬は基本、フリーで家の中で自由に過ごしている。トイレの問題があるからといってサークルの中で生活させたら、未来にとってはそれこそ大きなストレスとなるだろう。

そこで、ホームセンターで50センチ角のタイルカーペットを何十枚も購入し、大きなカーペットを外して部屋じゅうに敷き詰めることにした。インテリアセンスとしてはかなり劣るが、仕方がない。我が家は濃い茶色の家具で統一しているので、せめて家具の色に合わせた濃い茶色を選ぶことで部屋の統一感を出すことにした。

これで一安心！ タイルカーペットなら未来がどこでオシッコしても部分的に外して洗えば問題ない。ところが……、ほっとしたのも束《つか》の間《ま》で、ここでも問題が起きた！

濃い色を選んだため、濡れていてもわからず、どこにオシッコしたのか見分けがつかないのだ。そのため部屋じゅうを這《は》いつくばってカーペットを手でさわって確かめるか、はだしで家じゅうを歩いて濡れている場所を見つけるしか方法がない。

結果、寝起きの朝一番の家事は、薫り高いドリップコーヒーを入れる優雅なひとときから、部屋じゅうを這いつくばって、カーペットの被害状況を確認するという、なんとも滑稽な一日のスタートを切ることになってしまった。

タイルカーペットは裏がゴムになっているので濡れている箇所をはがすと、無垢材の床がびしょびしょになっている。

まずカーペットをはがし、雑巾で濡れている床を掃除する。コーティングをしていないため放っておくとたちまち変色して劣化しかねない。犬のためにと取り入れた無垢材だったが、愛犬が高齢になると「よいもの」が「厄介」になったりする。何が「よい」のかは、愛犬のライフステージによっても変わるものだと改めて気づかされた。

とにかく、この作業は中腰で行うので足腰に負担がかかる。「足腰が人より丈夫でよかった！」と、自ら足腰の丈夫さを愛《め》でながら、ガンガン気合を入れ、床をふきふきする。その足腰が鍛えられたのも、朝晩の犬たちと歩く数キロにも及ぶ散歩のおかげではないかと、わが愛犬たちに感謝し、自分を叱咤激励した（未来はアスファルトやコンクリートの舗装道路を歩けないため、公園や海岸まで未来を抱いて連れて行くのが日課で、なおさら足腰が鍛えられた）。

私が床掃除をしている間、はがしたタイルカーペットを洗うのはダンナの仕事だ。

朝のカーペットの状況から未来が夜中にオシッコをしているのは3回程度の

あっちこっちトイレ！

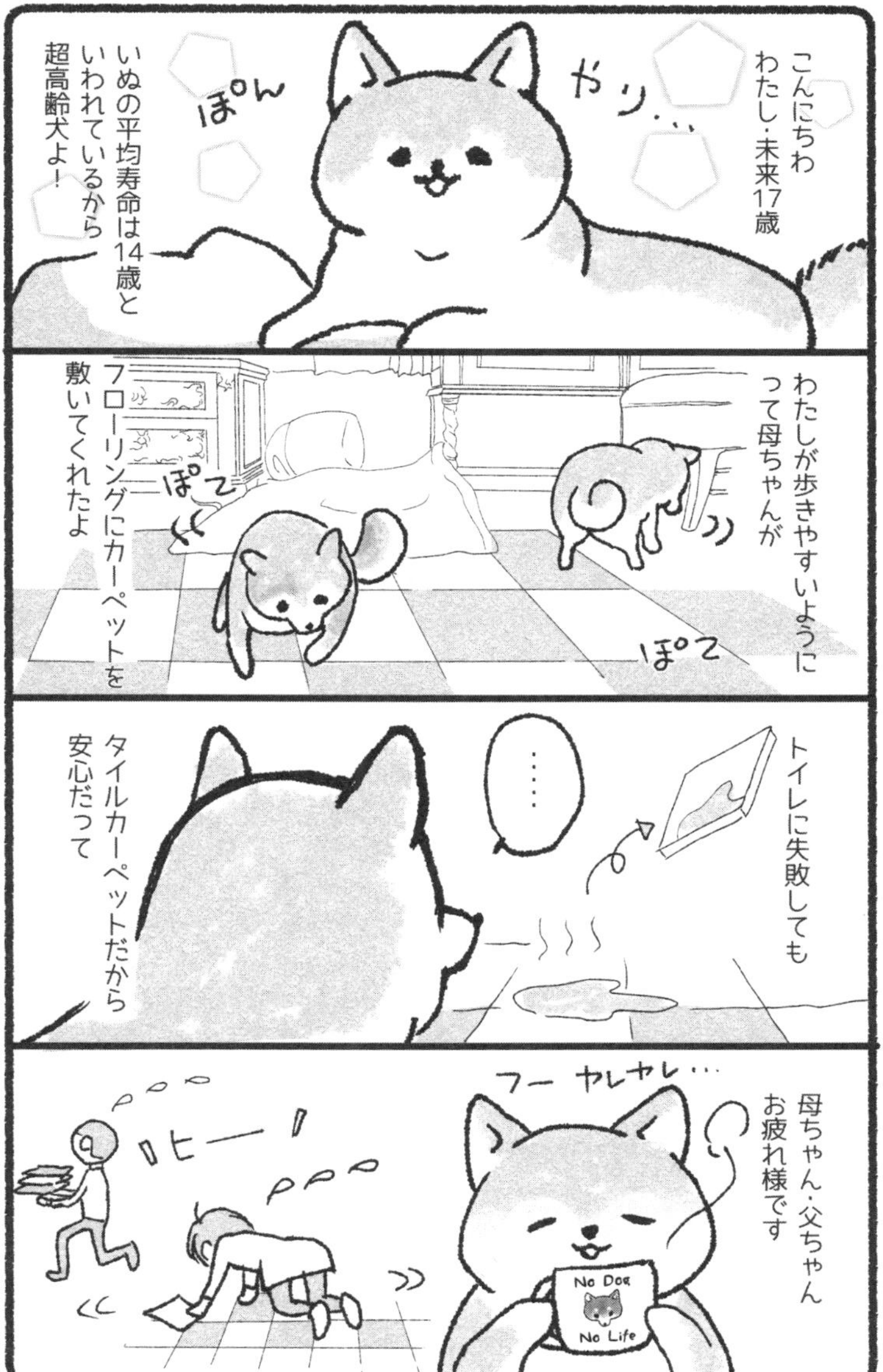
こんにちわ
わたし・未来17歳
やり…
ぽん
いぬの平均寿命は14歳と
いわれているから
超高齢犬よ！
わたしが歩きやすいように
って母ちゃんが
ぽて
ぽて
フローリングにカーペットを
敷いてくれたよ
トイレに失敗しても
……
タイルカーペットだから
安心だって
母ちゃん・父ちゃん
お疲れ様です
フー ヤレヤレ…
No Dog
No Life
ヒー！

ようだが、1枚のタイルカーペットの上にドンピシャとするわけではなく、2枚の間にまたがってしていることも多いので、毎日5、6枚のカーペットが犠牲となる。洗濯機を利用せず1枚1枚たわしでこすって洗うので、少なくともダンナは、毎朝30分程度の時間をカーペットの洗濯に費やすこととなった。庭で洗うので、夏場はいいが冬場はかなりつらい……（だろうな）。とはいえ、他に代替案もなく、もはやこのカーペットなしでは、我が家は犬と暮らせない。

安価で、小分けに洗濯できて、乾きが早いことも助かる（季節にもよるが、晴れていれば2時間もあれば乾く）。

干し方のコツは、物干しの上に◇にしてかけること（下図参照）。そうすれば水滴が□に干すより早く落ちて乾きもいい（と、ダンナが楽しそうに自慢していた……）。

この一連の作業が終わり、ようやくドリップコーヒーを飲める時間となるわけだが、優雅な気持ちなどもはや微塵《みじん》もない。足腰が丈夫とはいえ、朝一番の中腰での家事は、かなり堪える

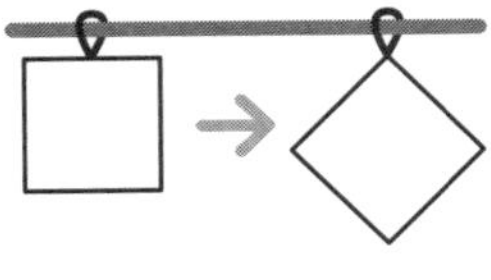

のだった。

優雅なドリップコーヒータイムとおさらばしてからしばらく経ったある日、さらにバージョンアップ（？）した、オシッコ事件が発生した。

未来が玄関の土間のタイルでもオシッコをするようになったのだ。

タイルの上ならタイルを掃除すればいいので問題はない。

困ったのは、タイルの上のオシッコが流れて玄関ドアのラバーの溝に入ってしまうことだった。

トイレシートを敷こうとしたが、今の未来がシートの上で排泄《はいせつ》できるわけがないと気づき、トイレシートを裏返してラバーの上に貼り付け、流れてきたオシッコを吸収できるよう工夫した。

しかし、うまくいかない。朝起きると、ラバーがオシッコで濡れている。

慌ててふき取るが、ふき掃除くらいではラバーの溝に流れ込んだオシッコはぬぐえず、それが黄色い塊となってカビと悪臭を放つようになった。

歯ブラシと爪楊枝《つまようじ》で、ラバーの溝を何度掃除してもカビが復活する。ハイターを使っても、再びカビが発生。掃除して数時間もすればまたカビが生えてくる。臭いも強烈だ。

恐るべし！　わが愛犬・未来のオシッコ……（涙）。

おかげで、床の掃除とカーペットの洗濯に加え、玄関ドアのラバーの隙間掃除までやらなくてはならなくなった。

夏場は、汗びっしょりで、これだけでダイエットできそうだ。

しかし、爪楊枝や歯ブラシではカビも悪臭も、一向に消えない。

いろんな方法を試した挙句、ダンナが、マイナスドライバーでゴムの溝からカビをほじくり出して掃除してみたところ、カビが生えることもなくなり、臭いも消え去り一件落着。

普段は役に立たないダンナだが、未来のオシッコ掃除だけは、嫌な顔ひとつ見せず、せっせと励む。おかげで、夫婦仲も少しよくなった。

（ちなみに、未来のオシッコ事件は夜間のみ。昼間は散歩や庭に出せば排泄す

るので、昼間はカーペットが汚れることはない）

その後、未来の玄関ブームは去ったのか、玄関でオシッコをすることもなくなり、余計な掃除はひとつ減ったが、タイルカーペットと床掃除はその後、１年近く続いたのであった。

足の筋力が落ちてきた老犬には、きちんと滑り止め対策をお願いね。

老犬のオシッコ粗相対策には、ホームセンターで買える50センチ×50センチのタイルカーペットが使い勝手がいいね！（値段も一枚３００円程度と安い）

でも、濃い色のカーペットだとオシッコをしても見えづらいから、かあちゃん（飼い主）のお勧めはグレーなどの薄い色で単色だって！

さらに滑りづらいのは、カーペットの滑り止めに使うメッシュのネット。

爪や足先が絡《から》まない、目がとても細かいのもあるので部分的に上手に利用してね！

高齢犬と同居犬の順位

「老犬」とは、何歳からのことを言うのだろう?

ドッグフードなどでは7歳からシニア犬用などと書かれているが、「シニア犬」と「老犬」では、とらえ方が、少し違うような気がする。

私が「未来もおばあちゃん(老犬)になったんだな」と思った一番の出来事は、我が家のもう一匹の愛犬・きららと未来の関係に変化が表れたときだった。

きららは未来より5歳年下のミックス犬。未来と同じく動物愛護センターから生後3か月で引き取った元捨て犬だ。

子犬で我が家にやってきたきららの面倒を、未来は実によく見てくれた。

きららも未来にべったり、つきつきで、未来がいないとキュンキュン鳴いて未来を探し回るほどの「お姉ちゃんっ子」だった。

未来がよく面倒を見てくれたおかげか、きららは、子犬独特のいたずらやトイレの失敗は一切なし。我々飼い主がすることは、食事と散歩の世話くらいで、未来のおかげで、実に楽で楽しい子育てを味わうことができた。

きららにとって未来は偉大なるリーダー。成犬になっても未来に逆らうことは絶対せず、おやつをもらうときも常に未来より三歩下がって（一歩ではなく三歩）ナンバー2に徹していた。

そのきららに変化が出たのは、未来に「こらえ性」がなくなってしばらく経ったころだったと思う。

未来がよくきららのしっぽを踏んだり、きららに「どん！」とぶつかったりするようになったのだ。目が悪くなり、物の遠近感がつかめなくなって見えづらくなったのも理由のひとつだろうが、年を取って、周りの空気が読めなくなってきたのかなと感じた。

若いころの未来は周囲の雰囲気に合わせて自分の行動を決めることができる

犬だった。だからこそ、学校に連れて行くことができた。

他犬との挨拶や人間に対しても、相手の出方をしっかり観察して自分の出方を判断する。

他犬を上手に従える才能も持ち合わせ、アルファメスの気質を持っている。それが未来だ。きららが常に未来より下（2番目）の順位に徹していたのも、そんな未来のオーラを、きらら自身が感じていたからだと思う。

ところが、あるころから未来は人（犬）が変わったように自由奔放で、相手のことなどおかまいなし。自分の気の向くままに好き勝手な行動をとるようになった。

その変化にいちはやく気づき、一番戸惑ったのは、きららではないだろうか。

やがて、15歳を過ぎ、未来が階段の上り下りに一苦労するようになると、きららは、階段をよっこら、よっこら上っている未来を追い越し、未来を通せんぼするようになった。

未来は、何食わぬ顔で、真正面にいるきららに体当たりすると、知らん顔で自分のベッドに向かう。すると、今度は未来のベッドをきららが横取りするようになった。

こんなことが幾度となく続いたと思ったら、おやつをもらうとき三歩下がって未来の後ろにいたきららが、未来の前に躍り出て「自分が先だ！」と言わんばかりに堂々と私の前でお座りをするようになった。未来はそれに対してたしなめることもせず、きららの好きにさせている。それにますます調子づいたきららは、自分が一番だとばかりに、鼻に皺《しわ》を寄せて未来に食ってかかるようになったのだ。

このときはさすがにきららを許すことができなかった。

子犬のときからさんざん面倒を見てもらっておきながら、「恩をあだで返す」とはこのことではないかー！　そう思ったが、それはあくまでも人間の考えで、犬には当てはまらない。

困り果てて動物行動学を専門としている獣医師の先生に相談すると、「先住犬が高齢になると、よくある話」だという。

周囲の犬友達に聞いても似たようなパターンを経験していて、特に和犬同士の間で多いようだ。

「どうすればいいんですか？」

「順位が入れ替わっても、それは犬同士が決めることなので、飼い主が元の順位にこだわったり、介入したりしないほうがいい」と獣医師の先生。

「それじゃあ、未来がかわいそう……」

「そうだね。かわいそうだと思うよね。その場合は、きららちゃんが見ていないところで、未来ちゃんを思いきりかわいがって、イイコ、イイコしてあげるんだよ」

なるほどなあ。ペットとはいえ、犬もオオカミの子孫。群れで暮らすオオカミの血を引く動物なのだから、高齢になって「順位」が交代するのはごく自然なことなのかもしれない。

その後も、きららは階段を上る未来を通せんぼしたり、未来のベッドにこれ見よがしに入って寝心地を試してみたり、未来に食ってかかることがあったが、未来をケガさせるようなことはなかったため、獣医師の先生の言葉通り、黙って様子を見ることにした。

未来もすっかりおばあちゃんになったと、実感すると同時に、人間でも年を取ると若者に偉そうにされたり、わがままになったり、涙もろくなったりと、似たようなもんだと自分の老い先を思った。

多頭飼育の場合、先住犬の順位が上とは限らないよ。ワンコの順位は、年齢やその家に来た順番じゃなく、犬同士が決めるのが平和のコツ。先住犬が年を取って順位が入れ替わっても、飼い主さんは介入しないで見守ってね。

先住犬がさびしい思いをしていたら、他の子がいないところで、今まで以上にうんとかわいがって、「イイコ、イイコ」、スキンシップをとってくれたらうれしいな！

パート 2

愛犬・未来、認知症になる

「おうち運動会」という名の徘徊

16歳になり、階段の上り下りができなくなった未来は、きららの「階段通せんぼ」から解放され、私たち夫婦に抱っこされて一階と二階を移動するようになった。

7キロほどの未来を抱いての室内移動は楽勝だ。

それでも、チャレンジ精神が強く、昔から自立心旺盛な未来は、自力で階段を上りたいと思っていたようだ。

時折、階段下から寂しそうに二階を見上げては、「キューン」と鳴いた。

その姿は切なく、胸が痛んだが、これが愛犬と共に老いと向き合い、愛犬の老いを受け入れることなのだと思った。

階段が上れなくなった未来は、一日のほとんどを日当たりのいい一階のリビングで過ごすようになった。

これからが本当の老犬としてのライフステージの始まりだ。

紛れもない「ばあちゃん犬」だが、食欲だけは、若いころと全く変わらなかった。

16歳を過ぎてもドライフードも骨付きの肉もガンガン食べる。

お腹を壊すこともない。快食快便で消化器官は極めて丈夫だ。

その年のクリスマスには毎年食べるローストビーフをぺろりと食べ、みんなで元気に新年を迎えることができた。

その未来に変化が表れたのは、17歳を迎える年初めのことだった。

落ち着きなく、ダイニングテーブルの周りをトッコ、トッコとゆっくり何周も回るようになったのだ。

多くは時計回転だが、時には反時計回りのこともある。

軽い認知症が出始めたのだと思った。早い犬だと12〜13歳から出始めるというから驚くことではない。

おうち運動会は主に夜間繰り広げられ、昼間は平和な顔でピクリとも動かずすやすやと寝ている。

完全な昼夜逆転である。かかりつけの動物病院の先生に相談するとやはり認知機能が低下しているとのこと。認知機能を向上させるサプリメントをもらって様子を見ることにした。

認知症の犬の「徘徊」はよくあることだが、多くの犬の徘徊は同じ場所でくるくるくるくるすごいスピードで回る「徘徊」。これに対し、未来は広い家の中をトッコトッコとゆっくり歩き回る「徘徊」だ。

前者の「徘徊」には「無限サークル」が効果的だという。

無限サークルとは角をなくした丸いサークルのことで角がないため、このサークルの中に入れれば、安全で、好きなだけ無限に回ることができる（無理にやめさせると逆にストレスになる）。

やがて疲れると寝てしまうので、知り合いの柴犬の老犬もこの無限サークルを利用していた。

しかし、未来の場合はこの手の「徘徊」ではなかったため、無限サークルは役に立たなかった。

それからも思い立ったように、未来は部屋の中をトッコ、トッコと自由に歩き続ける。

目もほとんど見えていないはずだが、家具にぶつかることはまったくない。住み慣れた家だから感覚でわかっているのだろう。

「未来！」と呼んでも知らん顔。耳もほとんど聞こえなくなってきたようだ。

さてどうしたものか——。

何はともあれ、認知症特有の「朝昼逆転」を何とかしなければならない。

まず、散歩で朝日をたくさん浴びて、セロトニンを活性化させる。セロトニンは十数時間後に眠りを誘うメラトニンをつくる材料になるので、朝日をしっかり浴びることは夜の快眠につながるのだ。これまでも天気のいい日は朝いちばん庭に出しているし、体調を見ながら散歩にも行っていたので、この点はいつも通りでよしとした。

のちに「ノーズワーク」が老犬にもよいと聞いて、取り入れてみることにした。「ノーズワーク」とは、犬の嗅覚をフルに使うゲームのこと。トリーツ（おやつ）を布などに巻き、愛犬にトリーツを探させて、見つけ出したらご褒美にありつけるという遊びで、年齢を問わず幅広く活用できる。未来のように昼夜逆転した老犬の場合、ノーズワークをすることで脳も活性化し、活動することで、昼夜逆転の防止にも役立つ。嗅覚は視覚・聴力よりうんと長く最後まで機能が衰えない器官なので、老犬でも十分に楽しめるという。

早速試してみたが、後ろ脚に障がいがあり、前脚の筋力がかなり衰えた未来には、前かがみでトリーツを探す「ノーズワーク」は、前脚に大きな負担がかかるので、難しかったようだ。

下を向くと前脚が「ハの字」になり、踏ん張ることに気を取られるのか、ノー

おうち運動会

夜になると運動会のはじまりはじまり～
さあ運動会はじめるわよ
トッコ
トッコ
トッコ
家具の周りをゆるーく何周もまわります
ポ～
すごい！家具にぶつからないで歩いてる！
くる
くる
昼間はぐっすり昼夜逆転・・・
Z Z Z
時間の感覚がわかんない～
朝日を浴びると体内時計(サーカリズム)を調整できるんだって
ぽか ぽか・・・
今は朝なのね

ズワークに集中できない。トリーツを探そうとするとどんどん前脚が「ハの字」に開き、開ききったら自力で元に戻れない。

カーペットの上でも滑るほど、未来の脚の筋力は衰え始めていた。

同時に、「こんなに筋力が衰えているのに、どうしておうち運動会ができるのだろう」という素朴な疑問が沸き上がった。

そういえば、近所の犬友達が、愛犬を見送った後に、こんなことを言っていたっけ——。

「うちの犬は18歳で亡くなったんだけど、亡くなる前は認知症でね。よぼよぼで、散歩なんて歩けないほど足腰が弱っているのに、夜になるとすごいスピードでくるくる回るんだよ（この子は無限サークル型の徘徊）……そんなに歩けるなら散歩行けるでしょ？　って……でも、やっぱり昼間になると足腰がよたよたなんだよ。歩けないんだよね……。あれは不思議だね。いまだもって謎だよ」

確かに不思議だ。

未来に「なんで？」と聞いてみたいが、話ができない未来に聞くのは不可能だ。

認知症という老いの病は、人間も犬も、彼らにしかわからない不思議な世界に満ちあふれているのだと思った。

ばあちゃん犬未来の ここがポイント 4

老犬の認知症による昼夜逆転には、お庭や公園に行って朝日をたくさん浴びさせるようにしてね（歩けなくなってもお庭や公園など、お外での朝日が効果的）。
ノーズワークは、老若男女問わず、なるべく早いうちから試してみて！認知症予防にもつながるよ（かあちゃんはもっと早くやっていればと後悔……）！
くるくるの徘徊には無限サークルを！

前進あるのみ！

未来のおうち運動会が始まって、しばらくすると今度は、家具の間に挟まって動けなくなるという事態が起こった。ぶつかるわけではなく、自らそこに入って行って出られなくなるのだ。後ろに下がれば簡単に脱出できるが、自力で後退できない。これもまた認知症の犬の特徴だという。

挟まるのは家具の間、ソファーとテーブルの間などさまざまだが、前進しかできないので壁に顔をくっつけて、戸惑っていることもある。

そのときは抱きかかえてリビングのベッドの上に戻してあげるのだが、厄介なのがダイニングテーブルの椅子に挟まったときだった。

椅子の脚と脚にまたがっている木の柱に自分の前脚を突っ込み、その上に頭

バックができない

前進あるのみ！振り返らない未来！
とっこ
とっこ
家具の隙間に挟まってもバック（あとずさり）ができない
シーン・・・
出れない・・・助けて・・・
とにかくからまる
んっ？
？
？
イリュージョン！
あーれー
未来がちえのわになってる！どこがどーなってんの!?

を突っ込んだ状態でからまっているのだ（言葉では説明できないが、からまっているという表現が一番ふさわしいような状態）。

すぐにレスキューするのだが、あまりにも器用にからまっているので救い出すのに難儀する。「知恵の輪」状態だ。

「未来ちゃん、これじゃ引田天功のイリュージョンだね！」

冗談ではなく、どうしたらこんな器用な体制でからまるのか、まさにイリュージョン。

もっと大きな犬だったら、からまった状態でもがいて椅子を倒してしまうだろう。

自宅にいるときは、すぐレスキューできるからいいが、私たち夫婦が留守のときに「知恵の輪」状態にからまったら身動きが取れず大変なことになる。

そこで、ホームセンターでプチプチの緩衝材（＝気泡緩衝剤）を一ロール購入し、ダイニングテーブルの周囲に巻き付けることにした。まるで開店前のスーパーのようでみっともないが、未来の安全を守ることが最優先だ。

鏡よ！ 鏡よ！ 鏡さん！

よーしこれで
ぶつかっても安心だ！
プチプチで
ぐるぐるまきの
テーブル
とっこ
とっこ
スルー……
…ガラスに映る自分を見て
遠吠えを始めたよ…
ワンワン！
ワオーン
あんたダレ？
あやしいわ！
壁とお話してる？
トットコ
トットコ
ピタッ
……
シーン……

その後も出かける前にぐるぐる巻き……、帰ってきたらぐるぐる外す……。

ソファーの隙間にはぬいぐるみやクッションを置いて、挟まらないように工夫を凝らすと、家具の間に挟まることはなくなったが、今度は壁に突進して壁面ぎりぎりのところで固まっている。まるで壁と話をしているようだ。

「前に進みたいのに行けないよー！　通してよ！」とでも言っているのだろうか？

「未来ちゃん、そこは壁だよ！」

抱きかかえてバックさせると、再び前進。壁でストップ。固まる……。

何かが見えているかのように、微動だにせず固まったまま壁を見つめている。

「犬にも、せん妄《もう》ってあるんでしょうか」

かかりつけの獣医師の先生に聞くと、「ないと思うよ」との返事。

その心中は未来にしかわからないのであった。

認知症による「夜鳴き」に飼い主がうつになりまして…

未来のおうち運動会、イリュージョンに続いて、今度は「夜鳴き」が始まった。夜になると理由もなく「ウォオオオオオーン！」と驚くほど大声で遠吠えをするのだ。

認知症による「夜鳴き」がついに来たと思った。

当初は一晩で、2、3回だったが、それがだんだんひどくなり、午後9時ごろから午前3時ごろまで、断続的に一晩中続くようになった。

「明かりをつける」「ラジオをつける」「抱っこしてあやす」などの対処法も試みたが、どれも効果はない。そこに、おうち運動会が重なり、私は完全な寝不足に陥った。

鳴いては起きて様子を見に行き、ベッドに戻る。そんなことが一晩に数回、しかも毎晩続いた。ダンナが添い寝をしてみたが、それも効果はない。どこかつらいのか、苦しいのか、痛いのかと思いきや、明け方になればすやすやと気持ちよさそうに寝ている。昼間は鳴き声ひとつ立てない。実にかわいいおばあちゃん犬だ。それが夜になると悪魔に変身！

かかりつけの獣医さんに聞くと、「苦痛で吠えているわけではないですね。認知症の昼夜逆転による夜鳴きです」と言われた。

本人（犬）が苦痛でないなら、それはそれで結構だと思って、その日は、いつものようにサプリメントをもらって帰ったが、未来の夜鳴きはますます激しさを増していった。

その声は一戸建てが並ぶ住宅地にもかかわらず、向こう三軒両隣の隣人にも聞こえるほどのすさまじさだ。

散歩で犬友達に会うと「未来ちゃん、昨日の夜中も鳴いてたね」と言われることも少なくない。みないい人たちなので「ご迷惑をおかけしています」と頭

夜鳴き

わたしには昼の顔と
夜の顔があるの
ウフフ！
アハハ…
昼間は天使！
すや
すや…
夜になると悪魔に変身！
ウオオオオオーーン
ウオンオン
オオ
未来ちゃん〜
なぜ鳴くの〜〜
未来の勝手でしょ〜〜
何

を下げることで事なきを得ていたが、この夜鳴きがいつまで続くのか、誰にもわからない。1年、2年、いや、もっと続くかもしれないのだ。

未来は認知症とはいえ元気だ。まだまだ長生きできる。


やがて、私自身の体調にも変化が表れた。

もともと睡眠の質がよくないうえ、未来の夜鳴きで眠れない日が続き、家の用事で多忙を極めていたある日、突然息ができなくなって、耳がつまったような状態に陥った。

「このままでは死んでしまう」と思うほどの恐怖感と息苦しさだ。

症状は2時間ほどで収まったが、今まで経験したことがない発作に、翌日からあちらこちらの病院に行くも悪いところはなし。

最終的にメンタルクリニックで、うつ病からくる「パニック障害」という診断を受けた。

そのクリニックで開口一番、医者が言った。

「眠れていますか？」

「眠れません」

「精神障害に睡眠不足は一番よくありません。とにかく、きちんと寝ることが大切です」

そう言われ、薬を処方された。

調べてみると、一種類がベンゾジアゼピン系で睡眠障害に有効とされる薬だった。

ベンゾジアゼピン系の薬は、依存性が高い薬だということは前から知っていた。

「飲みたくないな」……そう思ったが、あんなつらい思いは二度とごめんだ。

その夜は言われた通りベンゾジアゼピン系の薬を服用することにした。

すると……、翌朝、ひどい副作用で頭がフラフラ。一日中、起き上がることもできず、食事も一切取ることができなくなってしまった。

医者によると最初は副作用があるが、そのうち体が薬に慣れるので心配ないとのこと。

こんなひどい副作用がでる薬に体が慣れるなんて、そっちのほうが怖いではないか！

そう言いたかったが、「パニック発作」の再発だけは死んでも避けたい。

まずは回復しなければ、という思いもあって、再び薬を服用すると、二日後にはうそのように副作用が消えた。

そんな中、今度は薬で深い眠りに落ちたところ、未来が鳴き叫んで「起こされる」という悪循環に陥った。薬で眠りが深い分、未来の夜鳴きで起こされたときは、まさにアクセルとブレーキを同時に踏んだような最悪の気分だ。

(ダンナはと言えば、もともと睡眠の質がいいのか、よほどの雄たけびでない限り、すやすやと寝ている)

めちゃくちゃ眠いのに、ほぼ一睡もできない日が続き、頭がおかしくなりそうになった。

未来の夜鳴き対策を講じなければ、自分が倒れてしまう。

再びかかりつけの動物病院に行って相談すると、「老犬の認知症の夜鳴きで大変な思いをしている飼い主さんは多い」という。

そこで、他の認知症の老犬にも処方している薬を出してもらうことにしたのだが、ここでもまた頭を抱えることになった。

その薬がベンゾジアゼピン系の抗不安薬だったからだ。

確かに、この薬を飲ませれば寝てしまうので「夜鳴き」は収まるだろう。効果も期待できる半面、ベンゾジアゼピン系の副作用の怖さを私は身をもって知っている。

しかし、未来に寝てもらわないと、自分が倒れる……。

迷った末、その夜は処方された半分の量を飲ませて様子を見ることにした。

が……、まるで効かない。いつものように夜中に雄たけびが鳴り響いた。

こんなに効果がないのか、と思い、翌日は4分の3錠。すると、ぐっすり寝入って鳴き声ひとつしなくなった。

おかげでその日の夜、私はぐっすり眠ることができたが、朝起きて未来を見ると、まだ寝ている。

起こしても起きない。心配になって無理やり起こしたがその日はボーッとして別犬のようだ。フラフラで歩くことができず、尻もちをついたまま、立ち上がれない。

このまま薬を飲ませ続けたら、もっと認知症が悪化して、寝たきりになってしまう。

慌ててかかりつけの先生に電話をすると、「犬によって効き目が違うから、様子を見て量を減らしてください」とのこと。

他の多くの犬も服用しているのだから大事に至ることはないだろうが、夜鳴きが止まっても寝たきりになってしまっては元も子もない。飼い主が寝不足から解放されても、未来がつらい思いをするのは耐えられなかった。

どうすればいいのだろう——。このときの私はかなり追い詰められていた。

再び、動物行動学の獣医師の先生に相談すると「むずかしい問題だよね」と言い、こんなアドバイスを受けた。

「確かにベンゾジアゼピン系は依存性もあるし、副作用も多い。犬のことを考えるとどうかなあとは思うけど、人間のQOL（＝生活の質）も大切だってことだよね。それを考えたうえで、薬も上手に使えばいいと思うよ」

つまり、犬のことを考えるあまり、飼い主が体調を崩したり、日常生活に支障をきたしたりするのも問題だということだ。飼い主が倒れてしまったら犬の世話もできなくなり、共倒れになってしまう。

「ワンコのQOL、飼い主のQOLのバランスを取りながら介護していくしかないと思う。そのうえで、飲ませるのか、飲ませないのかは、飼い主さんが判断すればいいと思うよ」

言われて真剣に考えた。

未来はまだ歩けるし、散歩だって行く。排泄だって自力でできる。

その未来が、薬の副作用のせいで歩けなくなり、寝たきりになってしまうのは絶対に嫌だった。

もちろん、いずれは寝たきりになるだろうが、薬のせいでその時期を早めてしまうのは、未来にとって「どうなのか」ということだ。

とにかく、未来には元気で、幸せに、長生きをしてもらいたい。

その後、先生から「フェルラ酸」が認知症にはいいと聞き、早速購入して飲ませることにしたが、サプリメントなので、即効性はない。

少なくとも、数か月経たないと効果は表れないだろうし、効くのかどうかもわからないが、サプリメントを飲ませつつ、夜鳴きとは上手に付き合っていこうと心に決めた。

それにしても、私自身がベンゾジアゼピン系の薬でひどい副作用を経験していなければ、未来の副作用の症状にも「こんなもんなのかな」と納得し、薬を飲ませ続けていたかもしれない。パニック発作は死ぬほど苦しかったが、あの発作があったから未来の苦しみが手に取るようにわかったのだ。そう思うと、あのパニック発作にさえ感謝したくなる。

人は自分が苦しみを経験してこそ、他人の痛みに寄り添うことができるのだ。

犬の未来は「辛さ」を訴えることができない。飼い主の自分たちが、そのこ

四六判・B6判並製

リタイア夫の妻たちへ
整えたいのは家と人生 実は夫もね…
マダム市川がたどり着いたハウスキーピングと幸せの極意
市川吉恵
1694円

ベスト・オブ・平成ドラマ！
30年間に映し出された最高で最強のストーリーがここに
小林久乃
1650円

87歳ビジネスマン。いまが一番働き盛り
人生を面白くする仕事の流儀とは
郡山史郎
1540円

司書さんもビックリ！ 図書館にまいこんだ こどもの大質問
かわいい難問・奇問に司書さんが本気で調べ、こう答えた！
こどもの大質問編集部【編】
1485円

奇跡を、生きている
病気になってわかった、人生に悔いを残さないための10のヒント
横山小寿々
1650円

1秒で攻略 英語の落とし穴大全
日本人がやりがちな英語の間違いをすべて集めました。
佐藤誠司【著】
小池直己【著】
1859円

プロスポーツトレーナーが教える 背骨を整えれば体は動く！ラクになる！
根本から体が変わる。1分間背骨エクササイズを初公開！
木村雅浩
1595円

いぬからのお願い
たくさんの動物たちと話してきた著者が贈る愛のメッセージ
中川恵美子
1628円

日本初のバストアップ鍼灸師の「胸《バスト》」からきれいに変わる自律神経セラピー
肩こり、腰痛、冷え…女の不調のサインは「胸」に出る！
正木民子
1650円

必ずできる、もっとできる。
大学駅伝3冠の偉業を成し遂げた、新時代の指導方法とは
大八木弘明
1650円

古代日本の歩き方
古代日本の実像は、いま、ここまで明らかに―。
瀧音能之
1705円

保健室から見える 本音が言えない子どもたち
思春期の生きづらさを受け止める「保健室」シリーズ最新刊！
桑原朱美
1540円

どんどん仕事がはかどる「棒人間」活用法
絵心が無くても大丈夫！ 誰でも描けて、仕事がはかどる魔法のイラスト
河尻光晴
1650円

子どもの一生を決める「心」の育て方
読むだけでわが子の心が見えてくる！
山下エミリ
1595円

100の世界最新研究でわかった 人に好かれる最強の心理学
科学が実証した、正しい「自分の魅力の高め方」がわかる本
内藤誼人
1705円

しみる・エモい・懐かしい 大人ことば辞典
令和の今だからこそ心に響く、洗練された日本語辞典
ことば探究舎【編】
1595円

表示は税込価格

とをよく理解して、治療方法を決めなければならないと改めて感じた。

飼い主さんの多くを悩ませるのが愛犬の認知症による「夜鳴き」。

まずは、悩まず、獣医さんに相談を。

シニアに入ったら、認知症予防のために早めにサプリメントを利用すると予防効果にも、つながるんだって。

お薬は、副作用もあるので、症状に合わせて上手に利用してね。

わたしたちは、お薬でフラフラするよーって言えないんだ。

愛犬の介護のはじまり

未来の薬（ベンゾジアゼピン系薬）をやめると同時に、私も薬以外でパニック障害を改善させる策（サプリメントと栄養療法で睡眠障害も改善）を見いだすことができた。

未来には人間用の認知症のサプリメントを飲ませているが、効果が出るまでには時間がかかるようだ。人間の場合、服用して半年ほどでようやく効果が出始めるということだから、犬でも2、3か月はかかるのだろうか——。

もっと早く手を打っておけばよかったと何度も思うが、これればかりは後の祭り。

未来が飲んでいるのは、認知機能改善のためにフェルラ酸とガーデンアンゼリカを配合した「フェルガード®100Mプラス」というサプリメント。人間は一日4錠服用すると書いてあるので、未来には一日2錠飲ませることにした。

服用は空腹時が最適で、寝起きにチーズに包んで飲ませ、1時間以上経ってから朝ごはんを食べさせることに決めたが、最初の1か月はまるで効果がなかった。

フェルラ酸は、認知症に効果的というが、いろいろ情報を収集してみると、犬によっては全く効果が出ない犬もいるという。未来もそのタイプなのかと思ったが、相手はサプリメント。効果が出るまで時間がかかることは承知の上で、まずは継続だ。

2か月過ぎても、やはり効果なし……。

やっぱりだめなのかと、絶望しかけていた3か月が過ぎたころから、未来の様子に変化が訪れた。

おうち運動会をしなくなり、昼夜大逆転がなくなり、夜鳴きもリズム化（毎晩9時ごろから12時ごろの間だけ断続的）して、予測しやすくなった。そして、改善が見られたと思えば、また夜鳴きがひどくなることがあり、安定した日と悪い日を繰り返して、だんだん安定した日の割合が多くなってきた。

夜鳴きが全くないときは「息をしているのか」と逆に不安になったりもするが、夜鳴きが顕著に減るにつれて、そんな不安も徐々になくなり、時折夜中に様子を見に行くと、すやすやと寝ている。鳴いても鳴かなくてもどっちも飼い主は不安になるが、これも介護に関わる飼い主の宿命かと思う。

夜鳴きが減ったのが、フェルガードのおかげなのか、どうなのか確固たる証拠は何もないが、他に飲ませている薬もないので、サプリメントの効果が今になって表れ始めたのだろう。

（とにかく副作用がないのはうれしい）

未来の食欲は相変わらず旺盛で、その年、元気に17歳のお誕生日を迎えることができたが、このころを境に食事や飲水には介助が必要となった。

食事は自力で食べるが、フードボウルを手で支えてあげないと食べることが難しくなった。

未来が食べている状態を見ながら、食べやすいように絶えずフードボウルを傾け、回しながらフードを食べさせた。前足が「ハの字」に開くので体も支えてあげなくてはならない。

ウェットフードを食べさせるときは、木製のスプーンを使って口に運んであげるのだが、顎の力や食べる勢いは相変わらず強烈で、一度スプーンを割ってフードと一緒に飲み込んでしまうという事件もあった。

これはさすがに焦った――。

すでに歯も3本は抜けていたし、まさか17歳を過ぎて、スプーンを割ってしまうほどの顎の力が残っているとは驚きだ。

老犬と侮っていたが、老犬で認知症だから、スプーンも一緒に食べてしまったのだろう。

慌てて口の中を見たが、後の祭り！　ごちそうさまでした、とばかりに舌をペロリだ。

その翌日からウンチが出ると、ビニール袋でウンチを拾い、上から手でニギニギ触って、飲み込んだスプーンの欠片《かけら》が出てこないか確認することになった。幸い、2日後にウンチの中から無事に欠片を発見できたときは、夫婦でほっと胸をなで下ろした。

ダンナはと言えば、ウンチの中から欠片を取り出し、それを洗って、スプーンの欠けた部分に当ててはめて、ぴったりはまるかどうか確認していた（それくらいの気合で仕事もしてくれるといいのだが……）。

それからは木製スプーンを使わないようにしている（反省……）。


水も自力で飲むことができたが、脚の筋肉が衰えてきたため、気をつけないとウォーターボウルの中でおぼれかねない。

つまり、水を飲もうとウォーターボウルに顔を近づけたはいいが、そのまま足が「ハの字」に開いてしまい、顔がボウルの中につかって自力で体勢を立て

おぼれる…

未来・さいきん一生懸命
ふんばってても
足が開いちゃうのよね
プル プル
ヘナ ヘナ…
ぺしょ
あぁぁ
のどがかわいたな〜〜
んしょ
んしょ
お水
ぽて
ぽて
ごっく
ごっく
ん〜〜〜
おみずうまうま
……ん？
ずる
ずる
ぎゃあ〜未来が
溺れてるぅ〜〜!!
あ…
また足がヒラキになっちゃった
ずるずる
ブク
ブク
ブク
たーすけてー

直せなければおぼれてしまうということである。

その危険回避のためにウォーターボウルを台の上に置いて高めにしているのだが、高すぎると水が飲めないし、低すぎると顔が浸かっておぼれる危険性がある。ちょうどいい高さにしているつもりだが、よほど、喉が渇かない限り自力でウォーターボウルまで行かなくなった。

老犬の病気の原因の多くは水分不足だという。人間でもそうだが、本人（犬）が喉が渇いたと思うときは、すでにかなりの脱水症状になっているということだ。

そこで、2、3時間ごとに未来を抱きかかえてウォーターボウルの前に連れて行って、おぼれないよう介助しながら水を飲ませることにした。

連れて行けばよく水を飲んでくれる。

脱水状態か否かは、オシッコの色で判断できる。オシッコの色が薄い黄色で量もそこそこあれば、よいサインだ。

私に抱きかかえられながら、ぴちょぴちょと元気に水を飲む未来を見て、「未来もずいぶん軽くなったなあ」と思った。

しっかり食べているとはいえ、以前に比べるとやせて、背骨も丸くなってきた。

未来の背中に鼻を押し付けて、未来の匂いを嗅いだ。

私の大好きな未来の匂い。年を取り小さくなった未来が愛《いと》しくて、かわいくて仕方がなかった。

すでに夜鳴きが始まって半年以上が過ぎ、未来はさまざまなことが自力でできなくなっていった。

オシッコやウンチも、尻もちをついてするようになり、家の中でも歩かなくなって、前脚ですりすりと器用に移動するようになった。

散歩も、2、3歩ならなんとか自力で前に進めるが、庭や公園でも支えてあげないと、上手に歩くことができなくなった。

いよいよ介護のステージに入ったのだと思った。

水を飲むのも、食事をするのも介助が必要だ。長時間の、留守番をさせることはできないため、ふたりとも仕事で留守にするときは、十数年来お付き合いがあるトリマーさんにデイサービスをお願いすることにした。

この年になると、いつ、なんどき、どんな状態になるかわからないため、目を離すことができない。


今まで敬遠してきたオムツもそろそろ取り入れてはどうかと、ダンナとも話し合った。

未来が極端に嫌がればやめようと決めていたが、試しにはかせてみると嫌がる様子は全くない。

ただ、オムツをはかせると蒸れて下半身が不潔になりがちなので、排泄の後はシャワーでお尻をきれいに洗うことにした。

未来は昔からシャンプーが大嫌いだったので、お尻シャワーも騒ぐかと思いきや、気持ちがいいのかうっとりとしてなすがまま。

きっと人間のウォシュレット感覚なのだと妙に納得だ。

お尻シャワーは多少面倒だが、朝一番の床掃除やカーペットの洗濯からは解放され、私たち夫婦もずいぶんと楽になれた。

一日の朝を床掃除からスタートしなくていい。

ドリップコーヒーを飲みながら、まどろんでいる未来をなでなですることもできるのだ。

こんなことなら、もっと早くオムツを上手に利用すればよかったとも思ったが、オムツが好きな人間も犬もいない。本人（愛犬）の様子をよく観察しながら、はかせるタイミングは、慎重に決めるのが好ましい。

介護が始まると、未来の様子は、日々変化していく。

昨日までできたことが、今日は難しくなり、明日にはできなくなるかもしれない。

未来が天国に行くまでは未来のペースに合わせて、のんびり介護しながら楽しく過ごしていこうと珍しく夫婦で一致団結した。

未来がいる間、夫婦喧嘩《げんか》は休戦状態だなあ、と〝平和のシンボル〟未来を見て思った。

ばあちゃん犬未来のここがポイント 6

水分不足は大敵！　老犬の水分補給は飼い主さんが積極的にしてね。
介護段階に入ると、日々変化があるよ！
愛犬のその日の状態をよく観察して、介助や介護の方法も臨機応変にしてね！

パート
3

老犬との暮らしのコツ

こんなご近所挨拶で、愛犬を見守ってもらう

未来が年を取ったことで、一番困ったのは、やはり認知症による「夜鳴き」だった。

トイレの失敗や徘徊は、飼い主が受け入れさえすれば大した問題ではないが、「夜鳴き」はご近所に迷惑がかかる。

事実、未来の鳴き声は、ご近所でも聞こえるほどすさまじいものだった。人によっては自分たちが寝られなくなるストレスよりも、ご近所に迷惑をかけているというストレスのほうが大きい場合もある。

近くに住み、毎日顔を合わせるご近所だけに諍《いさか》い事は、絶対に避けて通りたいし、「うるさい」とクレームが来る前に、飼い主としてできるだけの誠意をもっ

て、ご近所に理解を求めたい。

我が家の隣人関係は普段からそこそこ良好だったため、未来の夜鳴きに対しても、みな「大丈夫だよ」と笑顔で応えてくれたが、他人の親切にあぐらをかくのは逆効果だ。

迷惑をかけているのは、我が家の未来なので、ご近所には真摯《しんし》に誠意ある対応をしなければならない。しかし、認知症による「夜鳴き」は、トレーニングで治るものでもない。

近所迷惑を考えて対処するなら、ベンゾジアゼピン系のような精神安定剤を飲ませて眠らせるしかない。

もちろん薬を飲ませるか飲ませないかは飼い主さんが決めればよいと思うが、副作用が伴い、それが未来のＱＯＬを落とす原因と判断した我が家は、薬は飲ませないと決めた。

サプリメント効果で「夜鳴き」はずいぶん減ったが、それでもなくなりはしない。日によっては激しく吠えるときもある。

つまり、今後も「夜鳴きありき」なので、ご近所に改めて菓子折り持参で事情を説明し、ご挨拶に行こうと考えたのである。

我が家の住宅地は一戸建てで密集しておらず、鳴き声が聞こえたとしても安眠を妨げるほどの騒音では決してないはず。しかしながら人によっては、音の大きさに関係なく鳴き声が不快に感じることもあるので、まずは「お詫《わ》び」しておくべきと考えたのだ。

挨拶に行くのは、向こう三軒両隣。菓子折りには、熨斗紙《のしがみ》をつけて表書きは「お詫び」、送り主は飼い主ではなく「未来」と入れた。その横に、私が著書にサインするときに押印している未来の似顔絵スタンプも入れて茶目っ気《ちゃめけ》を出すことにした。

菓子折りにはハガキサイズのお手紙も同封した。

ご近所の皆さまへ

いつも大変お世話になっております。
このたび、わが家の愛犬・未来（17歳）が認知症の夜鳴きのため、
ご近所の皆様には多大なるご迷惑をおかけしております。
この場をかりて、心よりお詫び申し上げます。

人も犬も高齢化社会。犬の17歳といえば、人間に換算すれば、
すでに80歳を超すおばあちゃん。
愛犬の長生きを誇りに思うとともに、周囲の方々の寛大なご理解に、
飼い主としては心を救われる毎日です。
私たち夫婦にとって、我が家の「未来」と「きらら」は子ども同然。
いろいろご不自由をおかけいたしますが、
今度とも温かく見守っていただきますよう、よろしくお願い申し上げます。

まずは、取り急ぎお詫びとお願いまで——。

みらい

未来&きららの飼い主
今西乃子

これはお詫びの気持ちを素直に述べたものだが、最後の件《くだり》に一工夫。

「犬も家族なので、温かく見守ってほしい」という文で〆《しめ》ることにした。

ポイントは「何か困ったことがあればご連絡ください」等は絶対に書かないことだ。

認知症の夜鳴きはどうすることもできない。

つまり、この手土産作戦は、「夜鳴きはどうすることもできないので心からスミマセン。ご理解を――」と、謝罪しつつ相手に理解をお願いする作戦だ。

菓子折りを持参して、そこまで事情を説明してお詫びをされたら、たいていの人は「犬のために、そこまでしてくれなくても」と、こちらの誠意を理解してくれるはず。

私たち夫婦にとって、犬は家族であり、どれほど大切な存在であるかが率直に伝われば成功だ。

事実、ご近所にご挨拶に行ってみると、

「鳴いているのは聞こえるけど、気にならない程度ですよ」

「熟睡していて全く気づかない」

「飼い主さんも体を壊さないようにね」

「ワンちゃんも家族だから」

「そこまで大事にされている未来ちゃんは、幸せだね」

と、温かい声をかけていただいた。


最も大切なのは、困ったときだけ一方的にこちらのお願いを聞いてもらうのではなく、常日ごろから隣人との良好な関係を築いておくことだ。

犬を飼っている人は、飼い主に悪気がなくても、思わぬ誤解やトラブルを招いてしまうことがある。

「坊主《ぼうず》憎けりゃ袈裟《けさ》まで憎い」という諺《ことわざ》どおり、嫌いな相手のものは、どんなものでも嫌いになってしまう。

犬も同じだ。嫌いな隣人の犬は、やはり嫌いになってしまうものなのである。

社会から愛される犬となるためには、まず自分たちが社会から好まれる飼い主になることだ。そうすれば、愛犬が多少の問題を起こしても、よほどのことがない限り、周囲は寛大な眼差《まなざ》しで見守ってくれることだろう。

ばあちゃん犬未来のここがポイント 7

遠くの親戚より近くの隣人！　ご近所とのお付き合いはとても大切！
犬が苦手な人は、意外といるものだよ。上手にお付き合いしてね！
飼い主さんとご近所との仲が悪いと、わたしたちも嫌われちゃうよ！

ひとりで頑張らない！プロの助っ人に助けてもらおう

人生100年時代と言われるように、人間だけなく犬猫の寿命も、飼育環境の改善や医療の向上で年々延びている。

認知症の最大のリスクは長生きだというが、これは犬猫にも同じことが言えるだろう。

現在、犬の平均寿命は14歳くらい。未来が認知症を発症したのは16歳半ごろだから、もし、未来が平均寿命で亡くなっていたら、未来は認知症を発症せずに天寿を全うしたことになる。

愛犬が長生きすればするほど認知症の発症リスクは増え、高齢犬になればなるほど身体の衰えも著しくなる。

今までたくさんの喜びをくれた愛犬の老後。

飼い主としては愛情たっぷり笑顔でお世話したいが、認知症を発症したり、寝たきりが長引けば、飼い主の負担も大きくなる。

そんなときは、ひとりで頑張ることをせず、ぜひ周囲にいる人たちに助けてもらうことをお勧めしたい。

そこで最強の助っ人となるのが、動物病院とペットシッターさんだ。

我が家でも十数年来のお付き合いをしているかかりつけの動物病院と、トリマー兼シッターのキミコさんには、介護ステージに入った未来のことでずいぶんとお世話になっている。

そもそも長い付き合いなので、未来の障がい、未来の性格、未来の健康状態などすべてを把握しているし、お互いの信頼関係もできている。しかも、彼らは犬猫のプロフェッショナルで、安全で安心して託すことができるのだ。

彼らには、未来の介護のことや「夜鳴き」のことで、電話やラインで何度も相談に乗ってもらったし、話も聞いてもらった。それだけで気持ちが晴れるし、いざというとき頼りにできる。

老犬の世話や介護で頑張りすぎている飼い主さんには、積極的にプロの助っ人のサービスを利用して、時々息抜きをしてほしいと思う。

ところで、未来の「夜鳴き」のことで、トリマーのキミコさんに相談しているとき、彼女が私にこんな話をしてくれた。

キミコさんは、柴犬の老犬を飼っていたお客さんから、ある日、こんな相談を受けたという。

「犬が認知症で夜鳴きがひどく、ずっと寝ていない……。疲れて、どうしていいのかわからない……どうしたらいいでしょう……私も年を取っているから、安楽死をさせようと思っているんです……」

そのお客さんは高齢で、ご主人に先立たれてひとり暮らし。とても犬をかわいがっていて、昔からキミコさんには愛犬のトリミングで世話になっていた。

キミコさんは、ご主人亡き後、彼女が認知症の老犬の世話をひとりで担い、まともな判断ができなくなったのだろうと思った。

犬の世話は、主にご主人がしていたというからなおさらだ。見たところ、老犬の余命はそれほど長くない。もう少し頑張れば看取れるだろうというのが、キミコさんの見立てだった。

「ここまでお世話を頑張ったんだから、最後までもう少し、一緒にいてあげましょう」

キミコさんは、話を聞いてそう励ましたが、彼女は「うん」とは言わず、黙って首を横に振って泣きだした。

認知症の愛犬の介護をひとりで担い、苦しみ、どうしていいかわからず、自分を追い込みすぎて疲れ果てていたのだ。

その様子を見たキミコさんは、老犬を数日間、預かると彼女に申し出た。

「シッター料はいらないです。私が責任をもって預かるので、その間、あなたはゆっくり休んでください。夜はぐっすり寝て、朝も起きたい時間に起きて、昼間はお買い物にでも行って、好きなことをすればいいですよ」

キミコさんは、彼女がゆっくり休むことができれば、きっと考えが変わるだろうと思ったのだ。

数日後、キミコさんのもとに犬を迎えにやってきたお客さんは、落ち着きを取り戻し、驚くほど晴れ晴れとした表情だったという。

笑顔で愛犬を抱きしめ、

「ありがとうございます。この子の最期のときまで一緒にいます」

とキミコさんに言った。

その後、愛犬は飼い主さんの腕の中で息を引き取ることができた。

わずか数日間、愛犬の介護から解放されることで、飼い主さんは正しい判断を取り戻すことができたのだ。

もし、キミコさんが手を差し伸べていなければ、彼女はまともな判断ができないまま愛犬の安楽死を選び、きっと自分を責め続けて、大きな後悔をしていただろう。

高齢の彼女がその後、犬を飼うことはなかったが、数年たった今でもキミコさんをたびたび訪ね、お菓子を届けてくれるという。

彼女にとって、キミコさんの救いの手は、それほど大きな意味を持ち、彼女の心を救った。

人は、窮地に陥ると、まともな判断を失う。

まじめな人ほど、他人に頼るのはよくないと、ひとりで抱え込んでしまう。

しかし、愛犬であれ、人間であれ、介護はきれいごとでは終わらない。

そのとき、周囲に助けてくれる人がいるか、相談できる人がいるかで、介護の質も自分の気持ちも大きく変わってくる。

そして少しでも介護中のブレイクタイムを確保できれば、自分自身もまた愛犬に優しく接することができるということだ。

それは、愛犬にとっても大きなメリットになる。

犬はいつも飼い主が変わらぬ笑顔で愛情を持って接してくれることを願っているからだ。

愛犬が年を取ってから慌てても遅い。信頼できる人間関係を愛犬が若いころから築き上げておくことが大切だ。

そして、介助や介護が必要となった老犬のお世話で最も頼りになるのはプロの助っ人。

長い付き合いで愛犬の持病や性格や行動などがわかっていれば、安心してお願いできる。

現在、私たち夫婦も泊まりがけで仕事に行くときは、かかりつけの動物病院のペットホテル。日帰りの仕事で長時間留守をするときはトリマーのキミコさんのデイサービスを利用することで、未来の介護を頑張りすぎず、上手にやりくりしている。

そしてお迎えに行ったときの未来の甘えっぷりを見て、またお世話を頑張ろうと思えるのである。

人は誰かの救いを借りて生きている。

愛犬のためにも、困ったときには迷わず「ＨＥＬＰ！」と言えるようにしておきたい。

ばあちゃん犬未来の ここがポイント 8

動物病院やシッターさんにお世話をお願いするとお金がかかるけど、その道のプロ。特に老犬は、急な体調変化や持病がある子もいるので、飼い主さんは安心して任せられるよ。若いころからのホームドクターやシッターさんとは密に連絡を!

ひとりで悩まない！「犬友」は最強の理解者

「犬友」という言葉があるくらい、犬を飼っている人は、犬を介して多くの友人関係を築いているのではないだろうか。

もし、犬を飼っていなかったら自分の交友関係はまるで違ったもの、いや、そもそも交友関係があるだろうか、と思う人も多いだろう（私は、交友関係どころか、仕事も犬なしでは成り立たない）。

それほど犬というのは、私たちの生活を豊かに、学び多いものにしてくれる生き物だ。

私の座右の銘は「NO《ノー》 DOG《ドッグ》 NO《ノー》 LIFE《ライフ》（犬のいない人生に、わが人生はない）」。

ちなみに、ここには「犬友達のいない人生にわが人生はない」という意味も含まれている。

散歩での出会いがきっかけで仲良くなり、アドレスの交換はもちろん、一緒に出掛けたり、互いの自宅を行き来して飲み会をしたりして顔を合わせれば、決まって犬談議に花が咲く。

みな犬好きだから話も尽きない。

どこの犬も年月が経てば年を取るから、当然、老犬の飼い主仲間もできる。

老犬を飼っている飼い主さん同士は、共感できることも多く、話しているだけで気持ちが楽になる。介護の悩み、病気のこと、オムツをするかしないかなど、犬友達の意見を参考にすることも多いだろう。

我が家も同じだ。近所に2匹の老犬がいた。

一匹はゴールデン・レトリーバーのモモちゃん。

もう一匹がチワワの松《まつ》くん。

ももちゃんは未来より半年年下で、松くんは未来より半年年上で、みな介護の真っ最中だった。

松くんは未来と同じように認知症で、夜鳴きがひどい。

そのため、飼い主さんは松くんの夜鳴きのリズムに合わせ、夜8時には就寝して夜11時ごろに松くんの様子を見るために起きる、そしてまた寝る——といった生活をしていた。

松くんには蓮《れん》くんという4歳年下の弟犬がいるが、この力関係も、我が家の未来ときららと非常によく似ていて、蓮くんが年を取った松くんを威嚇《いかく》する、という問題を抱えていた。

悩み事も我が家と一緒。犬の年齢も似たり寄ったりなので、私はよく話を聞いてもらって、励ましてもらっていた。

道端で会って「昨日の夜も、未来がさんざん鳴いて……」と私が言うと、松くんママが「うちもがんがん鳴いてたわよ」という具合だ。

「昨日は、きららが、未来をまた威嚇して……」

「うちも、同じよ……」

とにかく松くんの家と我が家とは、犬同士の年齢も状況もとてもよく似ていたので、「我が家も……」という話を道端でするだけで、自分だけではないとほっとする。

そして、別れ際には「お互い大変だけど、がんばろうね！」と手を振って家に帰る。こんな何気ない日常的な出来事に、飼い主はとても癒される。

ゴールデン・レトリーバーのももちゃんは、1年以上寝たきりだった。

もともと私とももちゃんママは仲良しで、時々お茶を飲む間柄。

互いの介護の様子を報告しあいながら、時に愚痴を言いあい、励ましあって、介護を乗り切ってきた。

お互いが愛犬介護の真っ最中なので、互いの気持ちがとても理解でき共感できる。

一度、私たち夫婦が少し留守をしている間に、ももちゃんママから電話があり、「未来ちゃん、鳴いてるけど、見に行こうか」と言って、見に行ってくれたことがあった。

とても信頼関係が厚いご近所さんなので、こんなときのために自宅のスペアキーをももちゃんママに渡してあった。

未来もきららも、ももちゃんママのことが大好きなので、家族みたいなものだ。きららは番犬（？）タイプの犬で、知らない人が我が家に来るとひどく警戒して威嚇し、吠えまくる。が、ももちゃんママなら、玄関からいきなり入ってきても、きららはしっぽを振って大歓迎。これも普段のお付き合いが功を奏してなせる業《わざ》だ。

そして、ももちゃんママが、鳴き声がする未来を見てみると……、未来はダイニングチェアにからまっていたらしい（このときはまだプチプチ緩衝材のダイニングのグルグル巻きはしていなかった）。

早速、ももちゃんママにレスキューされた未来。いつもおやつをもらっていたので、未来も安心してももちゃんママに身を任せることができたのだ。

もし、ももちゃんママが未来の鳴き声に気づかなかったり、我が家のスペアキーを持っていなかったら、短時間の外出とはいえ、未来は身動きが取れずパニックになって、恐怖を感じていたことだろう。

このときほど、ご近所の犬仲間の存在に感謝したことはなかった。

逆に、ももちゃんママが助けが必要なときは、私たち夫婦もヘルプに出かける。

何しろ未来と違い、ももちゃんは大型犬なのだ。

寝たきりのももちゃんの介護は、足腰にも大きな負担がかかる。

もともと足腰が悪かったうえに、毎日のお世話が重なり、ももちゃんママは、歩くのもままならないほど腰を痛めていた。

それでも、食事、給水の介助、トイレのお世話、掃除と、1年以上も頑張っているももちゃんママを見ていると、ももちゃんへの愛情の深さをしみじみと感じる。

私も「頑張ろう」という気持ちになるのである。

しかしながら、松くんは18歳のお誕生日を目前に、ももちゃんは17歳のお誕生日を目前にして天国に旅立っていった。

一番仲良しだったももちゃんが旅立った日、私たち夫婦は最期のお別れをしに、ももちゃんの家を訪れた。

ももちゃんは、朝早く、一言も声を出すことなく、静かに、穏やかに眠りについた。

その日は幸い日曜日で、離れて暮らしていた3人の子どもたちも、お別れに駆けつけることができたという。ももちゃんは、きっとみなにお別れを言うため、その日を選んで逝ったのだろう――。

みんなに見守られ、ももちゃんママのたくさんの愛情を手土産に、天国に旅立ったももちゃん。

ももちゃんの枕元にお花を添えて、顔を見ると、まるで眠っているようにきれいだった。

「ももちゃん、すっごく頑張ったね。それから……ももちゃんママもお疲れさまでした……」

何しろ寝たきり1年以上の介護を毎日続けてきたのだ。ももちゃんを置いて留守にもできず、痛む足腰の治療にも満足に行けていなかったようだ。

「今後は、足腰の治療に専念するといいね……」

私が言うと、ももちゃんママが、涙ぐみながら言った。

「それが……、どういうわけか、うそみたいに痛みが消えた……。ももが私の痛みも一緒に天国に持って行ってくれたのかな……」

犬を飼っていない人は「そんなバカな……」と思うだろうが、ももちゃんママの言う通り、犬とはそういう生き物なのだ。

犬と飼い主は、常に不思議な力で結ばれている。

ももちゃんが荼毘《だび》に付される朝、ももちゃんママがこんなメールを私にくれた。

〝最期まで支えてくれてありがとう!〟

その言葉を読んで、思わず泣いてしまった。

支えてもらっているのは私たちのほうなのに、何ができたわけでもないのに、犬友達というのはたわいのないことを話したり、共感したりすることで、楽しいときも、介護などで苦しいときも、お互いを支えあっているのだと改めて感じた。

犬友達は、犬だけの付き合いではない。

犬たちが天国に旅立っても、理解しあえる存在だ。

相談できる犬友達を持つことは、年老いた犬の介護やお世話をするときの力になる。

ご近所の犬友達は宝物！　ぜひとも大切にしたい。

犬友達は最高の理解者！　遊び仲間だけではなく、お互い困ったときには助け合って、悩みを乗り越えていこう。
ペットロスを救ってくれるのも、犬友達だよ！
いろんな悩みを相談できる「犬友」を持とう！

「老犬だから○○はできない」はＮＧ

子犬だった未来を我が家に迎え入れたとき、自分に言い聞かせたことがある。

「障がいがあるから○○はできない」はＮＧ！

「後ろ脚が不自由だから散歩はあんまりできない。仕方ない」ではなく、「後ろ脚が不自由でアスファルトは歩けなくても、海岸なら走ることができる」と、未来の持つ可能性を引き出すことに専念したのだ。

結果、未来は海岸なら障がいがあるとわからないほど猛スピードで走り抜けることができたし、体幹が鍛えられたおかげで、階段の上り下りも器用にこなせた。

ジャンプしてソファーやベッドに飛び乗ることもできた。

そして、当時の思いは17年以上過ぎた今も変わっていない。

年を取ってできないことが多くなっても、補助があれば、まだまだできるということだ。

すでに未来の脚の筋力はかなり衰えているが、下半身を後ろから抱きかかえたり、補助ハーネスを使えば、トコトコ元気に歩く。自力では歩けないが、私と一緒なら歩けるのだ。

お天気で、未来の体の負担にならない気温の日には、カートやキャリーバッグで公園まで行き、そこでお日様をたくさん浴びながらお散歩する。

公園はたくさんの犬の匂いが付いていていて刺激になる。お日様を浴びるのも昼夜逆転の認知症にはいい。

たとえこの先、寝たきりになったとしても抱っこして未来を公園に連れて行くつもりだ。外の空気に触れたり、公園の匂いを嗅いだりすることは、未来にとって、散歩と同じくらい刺激的で楽しいことだからだ。

他犬との触れ合いタイムもまだまだ必要。

未来の目はほとんど見えておらず、耳もずいぶん遠くなってはいるが、嗅覚は衰えていない。だから散歩で、若い元気な犬たちが未来に近づいてきても、あえて引き離すことをせず、犬同士に任せ、お尻の匂いを嗅がせたり、挨拶を交わしたりさせている。

若い犬の飼い主さんたちは、自分の犬が、ひ弱な老犬（未来）をケガさせてしまうのではないかと心配するのだが、みな老犬・未来に上手に接し、挨拶をしてくれる。もちろん、万が一のため互いの飼い主が気をつけてはいるが、これまで他犬とのトラブルは一切ない。

若犬たちは、ばあちゃんを相手にしてもつまらないと思っているだろうが、未来は、若いイケメン犬やギャル犬の刺激をもらって、実に楽しそうなのだ。

それならば――と、久しぶりに友達の若いイケメンわんこ2匹を我が家の庭に招いてみることにした。季節は10月上旬で、お庭で遊ぶには最高のわんこ日和だった。

早速、生後5か月のジャーマン・シェパードのジョーと、3歳のラブラドル・

ジャーマン・シェパードのジョーと。
他犬とのふれあいも、老犬にはいい刺激になる

レトリーバーのジュニアが我が家に遊びにやってきた。

未来とジョーは、なんと年の差17歳である。ジョーはまだ子犬で遊びたい盛り！

来るや否や一緒に来たジュニアと、我が家の狭い庭でプロレスごっこを激しく始めたかと思うと、猛ダッシュで走り回っていた。2匹ともエネルギーが有り余って、いくら遊んでも疲れることのないお年頃だ。

そこにお昼寝から目覚めた未来を庭の芝生の上に連れて行くと、ジョーが未来に向かって走ってきた。

子犬とはいえシェパードで、体重はすでに12キロを超えている。一瞬、大丈夫かな？　と心配になったが、ジョーは未来の前に来るとゴロンとお腹を出し、前足で未来をちょんちょんとついて甘えはじめたのだ。

未来は未来で、ジョーが子どもなのがわかるのか、よたよたしながら相手をしてあげている。30キロ近くあるジュニアもそこに加わった。

なんとも微笑《ほほえ》ましい光景。犬たちは互いの年齢も、立場も、理解している。そう思えた。

イケメンわんこたちが来て、最もありがたかったのは、その日、ジョーとジュニアの相手をした未来が、夜はぐっすり寝て夜鳴きが一度もなかったことだ。若いイケメンわんこの相手をして、さぞかし満足だったのだろう。

私たち夫婦にとっても未来にとっても、いいこと尽くしの一日だった。

この出来事に勢いづいた私たち夫婦は、興味半分でその2週間後に、友達が飼っている50キロのケヅメリクガメのももくん（オス）を我が家の庭に招待することに。

ももくんは未来より10歳年上の27歳。ももくんは、ペットとして室内で飼育されており、これまで一緒に暮らしていた2匹の犬を順番に天国に見送っていた。

犬ならとっくに寿命が尽きて天国にいる年齢だが、ケヅメリクガメの寿命は80年とも言われている。カメの世界ではまだまだ若造だ。

早速、未来が、ももくんとご対面！　ももくんはこれまで犬と暮らしてきたので未来を見ても動じる様子はまるでない。

未来は、初めて出会うカメに、どんな様子かと思いきや、ももくん目がけてどんどん近づき、ももくんの目の前でじーっとももくんを見つめている。

そして、ももくんの口にチュッと口づけ。

ももくんも未来をじっと見て、なにやら意味ありげ……。

未来はももくんが気に入ったのか、ずっとももくんから離れない。

試しに、ももくんの甲羅《こうら》の上に未来を乗せてみると、なんと楽しそうに歩くももくんの甲羅の上で、くつろいでいるではないか！

この日、ひとしきりカメのももくんと遊んだ未来は、やはりその夜、一度も鳴くことなく、ぐっすりと朝まで寝たのであった――。

老犬でよたよたしていても、認知症でも、他犬との触れ合いや、異業種（カメ）交流会は、未来にとって想像以上に楽しいものだったらしい。

ケヅメリクガメのももくんと。
楽しい異業種交流会のおかげで、朝までぐっすり

遊んだ日はほどよく疲れて夜鳴きは一切ないし、夜は熟睡するので、翌朝は元気いっぱいで表情も豊かになる。もう年だから、老犬だから家で寝かせっぱなしでは愛犬も寂しい思いをする。

できないことが多くなっても、できることはまだまだある。

楽しい刺激は年を取っている愛犬を元気にする。

人間と同じでいくつになっても、外を散歩したり、お友達と遊んだり、社会参加が必要だということだ。

歩けなくなっても、カートを使ったり、キャリーバッグを使って、できるだけ外の空気に触れ、社会参加を促したい。

ばあちゃん犬未来のここがポイント 10

「できないこと」を数えるんじゃなく、
「まだできること」に目を向けて！
そうすればわたしたちも、元気になれるよ！

オムツのメリット・デメリットを天秤にかける

未来がおばあちゃんになってから、未来のライフステージに合わせ、我が家では日々いろんなことを変化させなくてはならなくなった。

最初は「これは未来が嫌がるだろう」とか、これは「未来にとってストレスだろう」と考えていたことでも、試しに取り入れてみると、「意外とよかった」と思えることがいくつかあった。

まずひとつめが、オムツ。

未来にオムツをはかせることは可能な限りしたくないと最初は考えていた。

そもそも犬にとって快適なはずないし、蒸れなど衛生面でもどうかと、未来にとってのデメリットばかり考えていたからだ。

そんなわけでオムツはずっとつけなかったが、いよいよという場面まで来てオムツを利用すると、デメリットよりメリットのほうが大きいことがわかった。

飼い主のメリットと愛犬のメリットをそれぞれ分けて考えると判断しやすい

私たち飼い主のメリット

粗相で床や敷物を汚すことがないので(たまにオムツから漏れることがあるが……)床掃除や洗濯が激減する。負担が少なくなれば、その時間を未来とのコミュニケーションやスキンシップに充てることができる(ブラッシングや、会話)精神的なゆとりが生まれる。粗相の心配がなくなると、自分のベッドに入れて添い寝することができ、未来の夜の安眠を促すことができる。未来が安心すれば飼い主も安心して過ごすことができる。

未来のメリット

飼い主とのコミュニケーションタイムが倍増する。

ベッドに入れてもらえるので飼い主の匂いを嗅ぎながら、くつろぐことができ、安心感を得られ、安眠につながる。

(若いころの未来は飼い主べったりタイプではないが、飼い主の匂いで安心できるのか、いつも私のベッドに乗って昼寝したり、遊んだり、くつろいでいた)

＊注：専門家さんからは、犬の飼育上、一緒に寝るのは推奨できないとなっているので、上記はあくまでも我が家のライフスタイルから考えたメリット

愛犬にとってのオムツのメリットは、
飼い主とのコミュニケーションが倍増すること。
共にベッドで遊んだりくつろいだりできる

メリットって、たったこれだけ？　と思うかもしれないが、オムツが多少不快であっても、飼い主とのスキンシップやコミュニケーションがアップすることは、今の未来にとってかなり大きなメリットだ。年を取ってからの未来は、こちらが驚くほどの甘えん坊になった。

できるだけ多くの時間、未来を抱きしめて「大好きだよ！」とスキンシップをもって意思表示することは、視覚・聴覚が衰え、嗅覚だけが頼りになった未来に大きな安心感と幸福感をもたらす。

犬にとって最大のご褒美は、トリーツではなく飼い主との信頼関係だ。

これは老犬になっても変わることはない。その信頼関係は、飼い主との日ごろのスキンシップとコミュニケーションで築き上げられる。

老犬となった今の未来に最も必要なのは、これまで築き上げてきた「信頼関係の確認」なのだと思う。

私たちが未来のことを今までと同じように、いや、今まで以上に愛しているのだと、大切な存在なのだとスキンシップをもって伝えてあげることは、オムツの不快さというデメリットをはるかに超えるメリットだ。

私たち飼い主も、粗相の床掃除や洗濯でひーひー言っていると、どんなに大切だと思っていても、ため息もつきたくなる。それが人間というものだ。逆に厄介ごとが減れば、他を思いやる余裕も出てくる。

もちろん、オムツ代が月1万円くらいはかかるが、飼い主なら当然、想定内の出費だろう。また、朝の排泄後はしばらくオムツをつけない時間も設け、未来の不快感を最小限にすることにも配慮した。

こうして、オムツを利用してからは、朝の優雅なドリップコーヒータイムの復活、夜には未来を自分のベッドに入れ、添い寝ができるようになった。

未来も私の匂いを嗅いで安心できるのか、ひとりで寝かせるより格段に寝つきがいい。

その後、未来がすやすやと寝息を立て始めると、未来を抱いて未来のベッドにそっと運ぶ。そして、今日は夜鳴きがなく静かな夜となりますように……と祈るのである。

メリットを考え、利用し始めたふたつめがサークルだ。

我が家は、基本、家じゅうをフリーの状態にしているので、未来もきららもそれぞれ好きな場所で自由に過ごしてきた。

未来の気持ちから考えると、今でもフリーが理想的だが、私たちが外出中のイリュージョン騒動（家具の間に挟まるなど）と、日増しにひどくなるきららの順位交代の威嚇騒動もあり、サークルも検討しようということになった。

もともとサークル内で飼育している犬やサークル訓練ができていればこんな気苦労はないのだが、我が家はこれまで寝るのもずっと同じ部屋。昼間も私のベッドにいたり、お気に入りの場所にそれぞれ好きな時間、好きなように移動できる24時間完全フリーなので、ここにきて壁にぶつかってしまった。

「サークルに入れると、未来は嫌がってまたウォーーン！ って鳴くだろうな……」

ダンナの言葉に否定はできず、私も「たぶんね……」と答えるしかなかった。

とりあえずトライしてみて、あまりにも未来が嫌がるようなら考えよう、ということで早速、木製の六角形の大きなサークルをリビングに設置した。

使用方法として、私たちが在宅のときはサークルの扉を開けっぱなしにして、閉めない。在宅時なら、きららの威嚇にもイリュージョンにも、すぐ救いの手を差し伸べられるからだ。扉が開いていれば未来も、自由に好きな場所に移動できるので、それほどのストレスにはならないはずだ。

そして、私たちが買い物に出かけたりするときだけ、扉を閉め、きららの威嚇とイリュージョンから身を守れればよし！ としたのである。

こうして、早速出来上がったサークルに未来を入れてみたところ、全く問題なし。

サークルがかなり広いからなのか、その中のクッションでくつろいでいる。

その後、私たちは安心して買い物に出かけたり、近所に出かけることができた。

外出時はサークルの扉を閉めて出かけるので、イリュージョンもきららの威嚇も心配する必要はない。何よりプチプチ緩衝材をダイニングテーブルの周りにぐるぐる巻いたり、ぐるぐる外したりしなくてもいい。私たちのストレスは激減だ！

「なんだ……こんなことならもっと早くサークルを利用すればよかった」

拍子抜けするほど未来が落ち着いて入っているので、一番のデメリットは「我々の勝手な思い込み」だったわけだ。

もちろん長時間の外出時は、キミコさんのデイサービスを利用するが、2、3時間ならこれで十分対応できる。

何がいいかは、その時々で変わるものだ。

デメリットばかりに目を向けず、メリットと天秤《てんびん》にかけて、さまざまなものを上手に介護に取り入れたいものである。

ばあちゃん犬未来の ここがポイント 11

かあちゃんの反省点……デメリットは「飼い主さんの思い込み」だって。何がデメリットになるかは、愛犬のライフステージで、いろいろ変わるよ。先入観は捨てて、まずはトライ！

愛犬にとって最善の方法は何？

未来が17歳を過ぎたころ、動物病院で久しぶりに血液検査と健康診断をしてもらうことにした。

結果は相変わらず良好で、心配なところはどこもない。心臓には多少雑音が出てきたようだが、17歳にしてはすこぶる元気！　と太鼓判を押してもらった。

この分だと18歳の誕生日は楽勝で迎えることができそうだ。

あとは認知機能が改善してくれれば万々歳！

夜鳴きはサプリメントを飲ませてから、以前より格段に減ったが、日によってひどく鳴く日もある。

良い日、悪い日がいつ、どう出るかわからないのでサプリメントを使用するか、確実に効く薬を使用するかは、飼い主のＱＯＬと愛犬のＱＯＬを考えてバランスよく取り入れるしかない。

サプリメントは、「効いたぞ！」という即効性を感じられないので、認知症の強烈な夜鳴きに悩む飼い主にとっては死活問題だ。

それが時に愛犬の「安楽死」を考えることとなったり、ご近所とのトラブルにもつながりかねない。

対処療法としてサプリメントを飲ませながら、一時的に精神安定剤を利用する、という方法もある。

私も、寝不足があまりにも続いたり、仕事で自分が眠らなければ持たないといったときには、未来に薬を服用させることもありかなと考えていたが、幸い、それらの薬にお世話になることなくここまで改善することができた。

もちろん、夜鳴きが未来にとって痛みを伴うものであったなら、薬を使うべきだろうが、どこの獣医師に聞いても認知症の夜鳴きは犬にとって苦痛を伴うものではないと言う。

（苦痛で鳴いているのなら、夜だけ鳴くのはおかしい）

夜になると不安になり鳴くのかもしれないが、これはかりは認知症になった当の本人（犬）でない限りわからないだろう。

どれも、想像でしかないので「夜鳴き」＝「痛みや苦痛はない」という前提で、私は薬ではなくサプリメントで認知症の「夜鳴き」を改善しようと決めた。

私にとって大切なのは、「未来にとって何が一番いいのか」だ。

その「一番」は、飼い主によって違うし、その犬の余命や健康状態によっても変わってくる。薬の効き方も犬それぞれだ。

犬は言葉を話さない。その子の代わりに決めるのは飼い主だ。

だからこそ、その決断はいつも慎重であり、わが子の「福祉」につながるものでなければならない。

動物愛護と動物福祉は、似て非なり。

愛護は飼い主の自己満足の世界だが、福祉は愛犬の幸せを考えることから始まる。

命とは「息をしている」ということではなく、その子にとって「幸せ」「平穏」につながるものでなければならないということだ。

愛犬が若くて元気なときには、ただ、かわいいと愛でていれば済んでいた日常も、病気になったり、年を取って介護が必要になれば、何を、どうすべきか、どうするのが愛犬にとっていいのか、その選択のための飼い主の負担はどれほどなのか——、愛犬のＱＯＬと飼い主のＱＯＬを常に天秤にかけなくてはならなくなる。この決断は周囲に相談できる人がいても、最終的に決めるのは飼い主でしかない。

しかし、どんな方法であれ、愛犬の福祉を最優先に考え、飼い主が選んだ方法が、一番正しいものであり、犬はそれを受け入れるということだ。

愛犬が年を取れば、病気の治療にしろ、薬にしろ、最後の看取りにしろ、さまざまな決断を迫られるときが来る。

我が子にとって一番いいのは何なのか——？

「愛護精神」も大切だが、老犬と暮らす私たちが、真っ先に考えなくてはならないのは「動物福祉」なのだと私は思う。

ばあちゃん犬未来のここがポイント 12

愛犬が年を取ると、課題も多くなって、飼い主さんも悩むことが多いよ。そんなときには、その子にとって一番いいのは何だろうって考えてほしいな！

パート
4

老犬に学ぶ

今のきみが一番好き！

いつぞやダイヤモンドの宣伝で「10年前より、君が好き。」というキャッチコピーのCMが盛んにテレビで流れていた。「結婚10周年にダンナさんが、奥さんにダイヤモンドをプレゼントしよう」といううたい文句で、「うらやましいもんだ」と半ばひがみながら、私は繰り返し流れるコマーシャルを見ていた。

我が家は結婚25年以上が過ぎたが、これまでダンナにプレゼントをもらったことはたったの一度。しかも、そのプレゼントが「生ごみ処理機」だった（うそのようなホントの話）。

そんなだから、「10年前より、君が好き。」でダイヤモンドプレゼントなんて、夢のまた夢。

「10年前より奥さんのことを愛しているダンナなんて、どれほどいるんだ！」

と、あきれながらも、ふと、このキャッチコピーにぴったり当てはまる「相手」が頭の中に浮かんだ。

いわずもがな……それは、自分の犬である。

モフモフ、コロコロした子犬は確かに愛くるしい。

しかし、見た目のかわいらしさとは比べ物にならないほど、犬への愛しさというものは年々倍増していくものだ。この気持ちに共感する飼い主さんは多いのではないだろうか。

未来にたとえれば、まさに、

「17年前より、今の君が一番好き！」

間違いない。

100％飼い主を信じて疑わない。ひたすら飼い主が帰ってくるのを待っている。

飼い主だけを見て生きている。それが犬という生き物だ。

そして私たち飼い主が、彼らの信頼に応えることで、互いの信頼関係が確固たる絆になっていく。

共に生きてきた長い年月こそがなせる絆だ。

犬という生き物は「ゆりかご」から「墓場」まで飼い主が世話をしなければ生きていくことができない。人間の子どものように自立することはない。

そのため、「自分がいなければ何もできない」という飼い主としての使命感と責任感が一層強くなる。

誰かの世話とは実に面倒なものだが、犬に対してそんな気持ちはまるで沸き上がってこないから不思議だ。

私は実に面倒くさがり屋で、気も短いが、未来に対していらだちを感じたり、腹を立てたりしたことがないのだ。それは未来に介護が必要となった今でも変わらない。

自分はこんなに「いいやつ」だったのか、とびっくりするほど、未来に対して優しくなれる。

私たち飼い主は、愛犬との暮らしの中で、心の引き出しにしまってあった「やさしい自分」と出会うのかもしれない。

愛犬がくれる「無条件の愛」ほど、飼い主の心を射抜く矢はない。

その矢で射られた飼い主は、彼らにどんなことでもしてあげたくなるのだ。


そんな「無条件の愛」で、強く結ばれた犬友達と愛犬・愛《マナ》ちゃんのことを、私は事あるごとに思い出す。

愛ちゃんと我が家の未来は、同じ柴犬で、同い年。

離婚して独り暮らしだった友人は、会社を定年退職して時間ができたことをきっかけに愛ちゃんを飼い始めた。その溺愛ぶりは近所でも有名で、スーパーに行くのもどこに行くのも車で一緒（買い物中は気温を調整して車で留守番）。お散歩もお手入れも欠かさず、愛ちゃんはいつも元気でピカピカで、幸せ犬の代表のような子だった。

友人は友人で、愛ちゃんに寂しい思いをさせまいと、趣味のパチンコでどんなに勝っている日でも、愛ちゃんの夕方の散歩時間までには終了。散歩の後は愛ちゃんのそばで晩酌するのが彼の日課だった。

屈強で70歳を過ぎるまで病気ひとつしたことがない友人だったが、愛ちゃんが15歳の誕生日を迎えた年の暮れ、彼は癌を患い余命1年の宣告を受けた。同じころ、愛ちゃんも体調を崩し始め、軽い認知症の症状が出始めた。

「愛も15歳過ぎたからねえ……もうおばあちゃんだね。あとどれくらい生きられるのかなあ。でも絶対にオレが先に逝くわけにはいかないからね」

友人の言葉に、余命宣告を受けたことを知らずにいた私は「当たり前だよ！早く病気直して元気にならなきゃね」と叱咤激励した。

入退院を繰り返し、病魔と闘いながら認知症の愛ちゃんの世話を懸命に続けた友人。

余命宣告を受けた後には、離れて暮らしていた一人息子を呼び寄せ、こう遺言したという。

「愛も、もう15歳を過ぎているし、長い介護にはならない。頼むから愛を最後まで世話してくれ」

息子もそれが最後の親孝行になると、愛ちゃんの世話を約束した。

最期は愛ちゃんのそばで逝きたいと考えた友人は、病院での看取りを希望せず、息子と愛ちゃんの待つ自宅へと戻った。

やがて……、夏の日の明け方近く、友人は愛ちゃんのすぐ隣で眠るように静かに息を引き取った。そのわずか1週間後、愛ちゃんは、友人の初七日の夜、友人に手招きされたように天国に旅立っていったのだ。

友人と愛ちゃんの最期に寄り添っていた息子は、のちに私たちにこんな話をしてくれた。

「愛は、おやじの容体と並行するようにどんどん弱っていった……おやじの後を追いかけていくんじゃないか……そんなふうに見えたんです……。

こんなことって……本当にあるんですね。愛は、本当におやじの後を追って逝ってしまった。おやじも、愛を置いてはいけなかったんでしょう。三途《さんず》の川にたどり着く〝初七日〟に愛を迎えに来て天国に渡っていったんです。

愛と一緒なら、おやじも寂しくないかな……」

世の中には不思議なことが多々起こる。

いつの日も犬が見ているのは飼い主だけだ。

私たちが愛犬を思う気持ちは、言葉を話さない彼らにも必ず届く。

友人と愛ちゃんが死んでしまったことは悲しくて仕方がなかったが、ふたりがそれほど強い絆で結ばれていたのだと思うと、悲しみよりも、温かな感動で胸がいっぱいになった。

その命名通り、「無条件の愛」を友人に与え続けていた愛ちゃん。その「愛」に精いっぱい応えてきた友人。

飼い主と犬は死んでも絶対に離れない。心からそう思えた。

私と我が家の犬たちも同じだ。

私たち夫婦が死んだとき、きっと未来たちは、天国から私たちを迎えに来てくれるだろう。

そのときは「10年前より、君が好き」ではなく、「天国に行っても、君が好き！」と、互いの再会を喜ぶのだろうか。

しかし、人間は犬と違って、万人が天国に行けるとは限らない。

いつの日か、天国から愛犬に迎えに来てもらえるよう、飼い主は生きているうちに「よい行い」をして愛犬の待つ天国へのパスポートを手に入れたいものだ。

ばあちゃん犬未来のここがポイント 13

わたしたち犬は、大切なメッセージをいつも発信してるよ。
どんなメッセージかって――？
それは、わたしたちと飼い主さんとの信頼関係があれば、
きっと聞こえてくるはずだよ！

見送る心構え

未来が天国に旅立つことを考えるようになったのは、いつのころからだろう。はっきりとは覚えていないが、16歳を過ぎたころだったような気がする。

そのころから、自分たちと犬のお墓をどうするか、そろそろ考えなければならないと思い始めた。

もちろん我々夫婦と未来たち、みんなが一緒に入れるお墓でないと意味がない。

10年前に亡くなった先住犬、蘭丸のお骨もまだリビングにある。

犬友達の多くは、我が家と同じで、ペット霊園で荼毘に付した後、お骨を持ち帰って家に置いていたが、いずれはどこかに納骨しなくてはならないのだ。

いろいろ検討した結果、後継ぎがいなくても(私たち夫婦には子どもがいない)、みんなで一緒に安心して眠れる樹木葬の一区画(ペットも一緒)を購入することにした。

自宅近くの小学校の裏にある霊園で、学校と子どもたちが大好きだった未来がきっと喜ぶだろうと即決したのだ。

樹木葬とはいえ植樹されているわけではなく、芝生の中に筒があり、その筒の中に犬と飼い主のお骨を納めるといったスタイルだ。筒の上には石のプレートがあって、それがまあ墓石といったイメージだろうか。

プレートに彫るのは好きな文字やイラストでいいので、我が家のプレートには未来の似顔絵と未来の肉球マーク(本当の足型からトレースしたもの)を彫ってもらった。

ここに先住犬の蘭丸、未来、きらら、そしていつか私たち夫婦も入って、一緒に眠り、土に返る。

プレートが完成し、リビングにずっと置いてあった蘭丸のお骨を納骨したときは、思っていた以上に安堵《あんど》感に満たされた。

これまでは自分の犬を看取り、荼毘に付してお骨を持って帰ってくればそれでいいと思っていたのだが、納骨して初めて「ゆっくり眠ってね」という気持ちになれたのだ。

もちろん、犬たちのお墓は、ペット霊園でも、散骨でもいいと思うのだが、眠る場所って必要だなあとつくづく思ったのである。

きららは間もなく13歳。未来は間もなく18歳になるので、次が未来の番であることはほぼ間違いないだろう。未来に残された時間は長くない。

同時に未来をどこで荼毘に付すか、ということも検討して決めなければならないと思った。

こんなことを書くと「まるで未来が死ぬのを待っているみたい」と思われるかもしれないが、それは大きな誤解だ。未来にはこれからも元気でいてほしいし、願わくば20歳まで生きてほしい。

しかし、20歳まで生きたとしても、看取りは必ずやってくる。そのときのための準備と心構えは、老犬を持つ飼い主として大切なことだと思う。

そして……、やがて訪れる未来の看取りの瞬間を、私はこんなふうにシミュレーションしている。

最期は必ず夫婦二人がそばにいて、きららもいて、未来が私の腕の中で眠るように息を引き取る。老衰で苦しまず、旅立つ最期は、きれいなお花が枯れて、ぽとっと落ちるようなイメージだ。

未来の顔は笑っているように平和だ。そして、未来の声が聞こえる。

〝かあちゃん！　またね！　天国で待ってるよ！〟

そんなお別れができれば、きっとペットロスにはならないだろうな、といつも思う。

涙を流さず（無理だろうけど）、未来を笑顔で天国に送りたい。

未来はきっと、私たちが悲しまず、笑顔で「さよなら」を言ってくれることを望んでいるはず。後ろ髪を引かれず天国へ旅立ちたいと思っているだろう。

だからこそ、限りある未来との老後の時間を、大切に一緒に過ごしたい。

後悔が残らないよう、精いっぱい世話をしたい。

「ありがとう！　また、会おうね！」

そんな気持ちで未来を見送ることができれば、最高だな、といつも思う。

ばあちゃん犬未来のここがポイント 14

わたしたちにとって、飼い主さんの悲しむ顔は、一番つらいよ。飼い主さんが笑顔でいてくれると、わたしたちも笑顔いっぱいになれるな！
わたしたちが天国に行くとき、悲しいかもしれないけど、わたしたちが一番困るのは、飼い主さんが先にいなくなっちゃうこと。
だから、飼い主さんが天国に見送ってくれるのは、犬にとって、とっても幸せなことなんだ！

「かあちゃんの匂いが好き！」

未来が認知症を発症してから1年が過ぎた——。

思い返せば、あっという間の1年だった。

慣れとは恐ろしいものだ。夜鳴きが始まった当初、あまりの寝不足と世話の多忙さに、頭が変になりかけたが、周囲の助けがあり、お世話のリズムがつかめれば、飼い主もそれに順応してやりくりできるようになるものだ。

未来の夜鳴きはサプリメントのおかげかずいぶん緩和され（全くなくなったわけではない）、最近では私のベッドで腕枕して、一緒に寝ることが多くなった。オムツもしているし、オシッコ漏れの防止用に、防水マットをベッドに敷いておけば、多少の尿漏れがあっても、大事には至らない。

腕枕をすると未来は安心するのかコクンと首を落とし、瞬く間に寝息を立て始めるのだ。

未来がすっかり寝入ると、抱きかかえて、未来のベッドに移動させるのだが、一人寝になると目を覚まして、またぐずる。

ぐずる原因はまずオムツの汚れだが、慣れてくれば、オムツの上からさわっただけでオムツが汚れているかどうかもすぐわかる。汚れたオムツは気持ち悪いだろうし、不衛生なので、真夜中でも起きてこまめにチェックし、夜のオムツ交換には徹底的に気を使っているつもりだ。それでもぐずる。原因はオムツではないらしい。

あまりにもぐずるので、試しに私のベッドに戻して腕枕をして一緒に寝ると、またすやすやと寝て、朝まで一度も起きない。その寝顔には間違いなく笑みが浮かんでいた。

ならば、ずっと私のベッドで一緒に寝ようと思ったが、私が寝返りを打って体が少しでも離れてしまうと再び鳴き始める。

お互いの息がかかるほど密着していないと「フンフン……」と鳴き始め、それが「ウォーン」と雄たけびに変わるのだ。

私のベッドはシングルベッドのため、かなり窮屈だ。腕枕をずっとしていると、寝返りを打つこともできない。

さらに私のベッドの下には、きららのベッドがあり、きららが寝ている。もし、寝ている間に未来がベッドからきららの上に落ちでもしたら、それこそ血を見る大逆襲にあうだろう。未来にとっては一晩中、私の腕枕で寝ることがベストだが、そうなると、ベッドで身動きが取れない私は、再び睡眠障害に陥る。

考えた末、やはり、未来が寝つく前と、不安がるときだけ一緒に寝る時間配分で、折り合いをつけることにした。

それでも未来の安心しきった寝顔を見ていると、もっと早くオムツを利用して、同じベッドで一緒に寝ていればよかったと後悔してしまう。

若いころの未来は自立心が強く、日中、私が仕事をしているときは、私のベッドに陣取って、大の字になって昼寝をしていたが、夜に飼い主との添い寝を喜ぶ犬では決してなかったのだ。べったりする関係は好まず、常に飼い主と適度な距離を保つ犬だった。

その未来が、今一番必要としているのは、17年以上も一緒に暮らしてきた私の匂いなのかなあと、ふとぼんやり考えた。

目がほとんど見えず、耳もほとんど聞こえない今の未来が、私の「そば」を感じることができるのは「匂い」でしかないのだ。

隣で規則正しい寝息を立てている小さな未来を見ていると、未来の気持ちがわかるような気がした。

ぎゅっと抱きしめると、未来は私の脇腹に鼻を突っ込み、大きなため息をひとつつくと、いつも安心したように眠りに落ちていく。

匂いって不思議だなあ――。犬の嗅覚は人間の1000倍から1億倍ともいわれるから、未来は今、まさに私の匂いに包まれて安眠しているということなのだ。

老犬飼い主としての誇り

新しい年が明け、18回目のお正月を迎えた未来は、近所の神社の初詣にも元気に行くことができた。

また一年、未来が元気に過ごすことができますように——。

この年ほど、健やかな一年を強く願ったことは、今までになかった。

その日は快晴で風もなく暖かな日。カートに乗った未来は道すがら、ウトウト気持ちよさそうに居眠りをしていた。

近所では最近、犬を飼う人が増え、子犬や若い犬がずいぶん多くなった。

初めての愛犬との初詣に、飼い主も犬も楽しそうだ。

また新しい犬友達になれるだろうか——？

そんな期待を込めて、道行く飼い主さんに初めて声をかけてみる。

「こんにちは！　何歳ですか」

「生後４か月で、ワクチンが終わったばかりです。そちらは何歳ですか？」

飼い主さんにこう聞かれると、私は「エッヘン」と胸を張りたくなる。

「17歳半です。お宅のワンちゃんより17歳年上！」

すると、相手は大げさなほど驚く。

「えーっ、すごいですね！　あと半年で18歳？　人間でも成人式ですよ！　幸せだなあ！」

そう言ってもらえるのが、うれしくて仕方がない。

思えば両後ろ脚に障がいを持つ未来を我が家に迎えたとき、未来を見た人はみな一様にこう言った。

「かわいそう……」

ところが、年を重ねるごとに未来を見て「かわいそう」と言う人はいなくなっていったのだ。

未来の不自由な後ろ脚は昔となんら変わらないのに、なぜ、未来を見る人の心が変わっていったのだろう。

それは、私たちと日々暮らしていく中で、未来の心が徐々に変わっていったからだと思う。

今、多くの人は、未来にこんな言葉をかけてくれる。

「最初はつらい思いをしても、幸せなゴールを手に入れるほうが、人間も犬も幸せだよね！　未来ちゃん！」

これほど飼い主を幸せにしてくれる誉め言葉が他にあるだろうか。

間もなく18歳を迎える未来は、誰の目にも「かわいそう」ではなく、「幸せな犬」に映っているのだ。どんなに腰が曲がっていても、よぼよぼで歩けなくなっても、その姿は「幸せそう」に見えるのだ。

飼い主として、これほど誇りに思うことはない。

年老いた自分の愛犬が「幸せだね！」と他人に声をかけてもらえたら、飼い主はみな、大きなご褒美をもらったような気持ちになるのである。

初詣から帰ると、恒例の、犬友達からのたくさんの年賀状が届いていた。

その中に、きららの兄妹《きょうだい》犬「マル」の飼い主さんからの年賀状があった。

きららとマルは瓜《うり》二つ。二匹は、おかあさん犬と一緒に捨てられ、動物愛護センターに収容された後、それぞれが新しい飼い主のもとでそれぞれの生活を始めていた。

以来、おかあさん犬と兄妹犬のマルの飼い主さんとは、ＳＮＳや年賀状でのお付き合いがずっと続いている。

マルの年賀状には新年のあいさつとともに、手書きでこんなメッセージが書かれていた。

〝マルは、少々認知症が出てきていますが、元気です。またお会いできるといいですね〟

きららもマルも、間もなく13歳。認知症が出はじめてもおかしくない年ごろだ。

私は、未来のベッドを乗っ取って偉そうにしているきららに向かって言った。

「きらら……、あんたも、未来ねーちゃんみたいに、おばあちゃんになる日が来るんだよ！」

きららも、そのうち、未来のように認知症となり、夜鳴きをするときが来るのだろうか――？

そのときは、未来の介護で学んだことを、きららの介護に存分に活かすことができるだろう――。まずは、認知症予防のサプリメントを飲ませるところから始めるか！　ノーズワークも早速開始しよう！

未来に子育てしてもらって、未来の後におばあちゃんになって、最高の老後を迎えるであろう「きらら」は、つくづく幸せな犬だと私は思う。

しかし、愛犬を幸せにして、一番多くの幸せをもらっているのは、私たち飼い主だということを忘れてはならない。

〝誰かを幸せにすることは、自分を幸せにすることだ〟

〝神様！　こんなかわいい動物を、この世につくってくれてありがとう！〟

愛犬の介護は、大変だけど、老犬が飼い主さんに教えてくれることは数知れず。
そこから生まれる絆は強いよ！
老犬のかわいらしさは、老犬のお世話をした人にしかわからないんだって！
VIVA！　老犬飼い主さん！　そして、ありがとう♡

おわりに

未来！　天国でまた会おう！

本書の原稿を担当編集者・野島純子さんに渡したのは新年（2023年）が明けた翌週のことだった。

そのころの未来は相変わらず元気で、快食、快便。散歩も楽しんで、さらなる長寿の道に、一歩、一歩、のんびりと向かっていた。

老犬とは思えないほど食欲も旺盛だ。歯も丈夫で、ほとんど残っており、嚥下《えんげ》障害も全くなかったため、硬い肉でも何でも食べることができた。

そんな未来を見ていると、「18歳は楽勝！」。それどころか、19歳も余裕で超せるのではないか――。本気でそう思っていた。

しかし、それは楽観的な希望に過ぎなかった。

その日は快晴で、2月にしては暖かな朝だった。

いつも通り目を覚ました未来のオムツを外し、お尻をシャワーで洗ってあげると、未来はとても気持ちよさそうに笑っていた。

私は朝から仕事で出かけなくてはならなかったため、近くの公園で未来を日光浴させて、少し歩かせてから、すぐ家を出ることにした。

その日はダンナが家にいて、未来の面倒を見てくれるので、何も心配はなかった。

夕方、家に戻ってくると、未来はいつも通り元気だった。

すぐ着替えてから未来のオムツを外し、抱っこして、庭に出た。お尻を支えてあげると、楽しそうに前脚を繰り出して元気に歩く。芝生の匂いを嗅ぎながら、自力で排泄もした。

夕食はいつも通り「爆食」という表現がふさわしいほど、がつがつ食べた。

未来が我が家に来て17年半。未来はただの一度もご飯を残したことがなかった。

フードボウルに入ったウェットフードと、ゆでた肉をペロリと平らげると、「まだ足りないぞ」とばかりにフードボウルをかじった。いつものことである。

夜は21時ごろから未来の夜鳴きが始まった。

そのころには、夜鳴きも以前より落ち着いていたので、オムツの汚れが原因かと思ったが、そうではないらしい。

ここしばらく忙しく、デイサービスで過ごす時間が何日かあったため、不安になって寂しくなったのかもしれない。

仕事で疲れきっていた私に代わって、ダンナが未来を抱っこして、あやし始めた。

すると、安心したのか、ダンナの腕の中で、未来はそのままスヤスヤと眠ってしまった。

ダンナは未来が眠ったのを確認すると、その日は、そのまま自分の布団に未来を入れて、腕枕したまま眠りについたようだ。

どれくらい経ったのだろう——。

突然、何かにはじかれたように目が覚めると、隣で寝ていたダンナも突然飛び起きて、互いの目が合った。

時計を見ると、23時45分だった。

「どうしたの？　未来は……？」

ダンナの腕枕で寝ていた未来がぐったりとしている。

息をしていないことは、一目でわかった。

未来は、その夜、鳴き声ひとつ立てず、自分の頭をダンナの腕に乗せて、眠ったまま天国に行ってしまったのだ。

こんなことって、あるのだろうか――？

数時間前まで、庭を楽しそうに歩いていたではないか。ご飯をバクバク食べ、水も飲んでいたではないか。つい3時間ほど前まで、いつものように夜鳴きをしていたではないか。

頭の整理ができないまま、ぐったりした未来の体を抱きかかえ、オムツを外すと、温かなオシッコがポタポタポタポタと未来の股間から流れてきた。

最後の一滴がポタッと落ちたとき、ようやく私は現実を受け止め、事の成り行きを理解した。

私の愛犬としての、未来のミッション（役割）は、たった今、この瞬間に終わったのだ――。

そのとき、私は本書に書いた「未来の看取《みと》り」の件《くだり》を思い出していた。

やがて訪れる未来の看取りの瞬間を、私はこんなふうにシミュレーションしている。

最期は夫婦二人がそばにいて、きららもいて、未来が私の腕の中で眠るように息を引き取る。老衰で苦しまず、旅立つ最期は、きれいなお花が枯れて、ぽとっと落ちるようなイメージだ。

未来の顔は笑っているように平和だ。

そんなお別れができれば、きっとペットロスにはならないだろうな、といつも思う。

まさに、未来はその通りの最期を遂げた——。

ひとつ違うことは、未来が逝ったのは、私の腕の中ではなく、ダンナの腕の中だったということだ。

動かなくなった未来を抱きしめながら、私は実に心穏やかに「未来の死」を受け入れていた。

最後の日まで食事を食べ、楽しそうに歩き、自力で排泄し、安らかに眠ったまま、飼い主の腕の中で息を引き取った未来は、「最高のゴール」を迎え、天国に旅立っていったのだ。

その後も、葬儀のこと、お世話になった人たちへの連絡のこと、そしてお墓のことまで、さまざまなことを事前に準備していたおかげで、滞りなく物事を進めることができた。

2月は一年で最も気温が低い季節のため、茶毘《だび》に付すまで、自宅で丸3日間、遺体を安置することもでき、お別れのための十分な時間も確保できた。

週末だったこともあり、未来と関わりがあった多くの人が弔問に訪れてくれたことで、心が大いに癒された。

お花も翌日から次々と届いた。

未来が、どれほど多くの人たちに愛されていたのかを改めて知り、感謝の気持ちで胸がいっぱいになった。

きれいなお花はいくつ届いても多すぎることはない。

部屋中にあふれるほどのお花に囲まれて、未来はまるで笑っているように愛らしく、きれいだった。最後まで元気でよく食べていたのでガリガリに痩せてもおらず、毛艶もよく、ピカピカだ。

弔問に来てくれた人たちは、みな私の気持ちを慮《おもんぱか》ってか、最初は暗い顔をしていたが、お花の中で横たわる未来を見て、誰もが笑みを浮かべた。

その亡骸《なきがら》からは、未来の最期のメッセージが聞こえてくるようだった。

〝「死」とは、怖いものでも、悲しいものでもない――。永遠の別れでもない〟

潔く旅立ったときの様子を話すと、「未来ちゃんらしいね」と、みな口々に言った。

「人間もこんなふうに死ねたらいいなあ……」。そんな冗談を私が言うと、友人たちは、私が思いのほか元気だったことに、驚きを隠せないようだった。最愛の未来を失い、涙に暮れていると思っていたのだろう。

しかし、未来を失った私の心を支配したのは「喪失感」ではなく、あふれんばかりの未来への「感謝」の気持ちだった。

家族として17年半、一緒に生きてきてくれて、ありがとう。

病気もせず、元気に過ごしてくれて、ありがとう。

いつも笑顔で私たちを見守ってくれて、ありがとう。
仕事のパートナーとして、「命の授業」で多くの子どもたちに希望を届けてくれて、ありがとう（未来が同行した施設は139か所。触れ合った子どもの数は3万人を超えた）。
そして――、
この世界での「命の時間」を全うし、私たちに悲しみを残さず、安らかに、笑顔で、天国に旅立ってくれてありがとう！

その4日後、未来は茶毘に付された。

小さな骨壺となった未来を抱きかかえたとたん、涙があふれ、次の瞬間、私はとてつもなく温かなものに包まれた。

最愛の誰かの「死」に対し、人はこれほど穏やかな気持ちで向き合うことができるのかと、感無量になった。

未来という犬に出会えたことへの感謝。

飼い主として「命を預かった責任」を、この日、全うできたことへの感謝。

２０２３年2月16日、未来は小さなお星さまになった。

老犬となった未来のお世話をやり遂げ、安らかな死を看取ることができた私は、幼いころ、飼っていた愛犬・ビスタとの約束をようやく果たすことができたのだ。


未来！　天国で、また会おう！

そのときまで、お空から、かあちゃんたちを見守っていてね。

かあちゃんは、楽しかった未来の思い出と共に、今日も元気に過ごしています。

愛犬・未来　17歳7か月・老衰により死去

未来のかあちゃん　今西乃子

捨て犬・未来 アルバム

一緒に過ごした6303日の感動

（2005年11月14日～2023年2月16日）

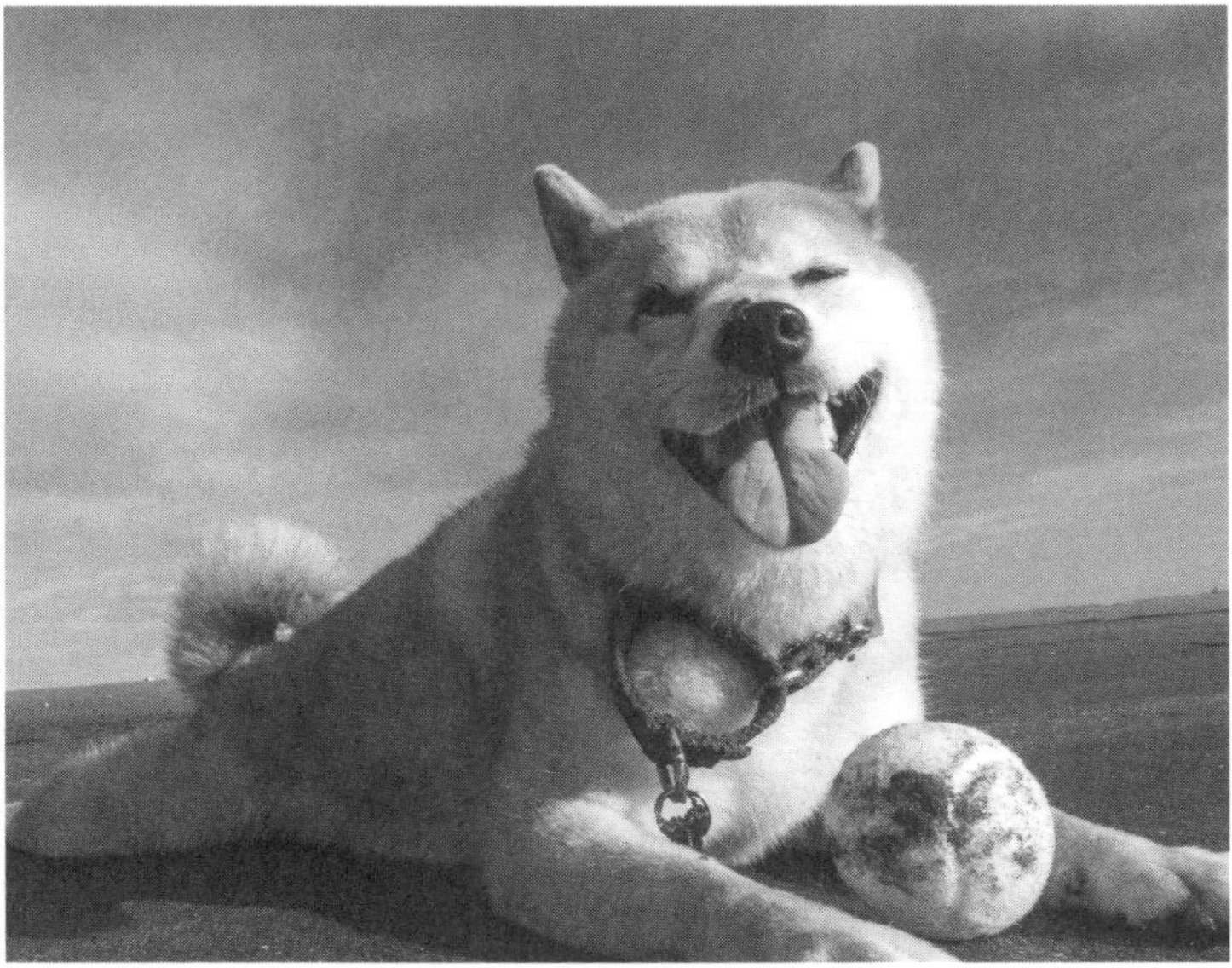

2005年8月末、千葉県佐倉警察署に捨て犬として届けられ、その後、動物愛護センターにて収容（負傷動物のため殺処分対象とされる）。右目負傷。右後ろ脚足首切断。左後ろ脚足指切断。体重1.4キロ。柴犬の子犬♀

2005年9月4日、保護ボランティアさんによって保護。「ここで死んでいったすべての命の分まで引き継いで幸せに」との願いを込めて「未来」と命名

2005年11月14日、我が家の娘となる

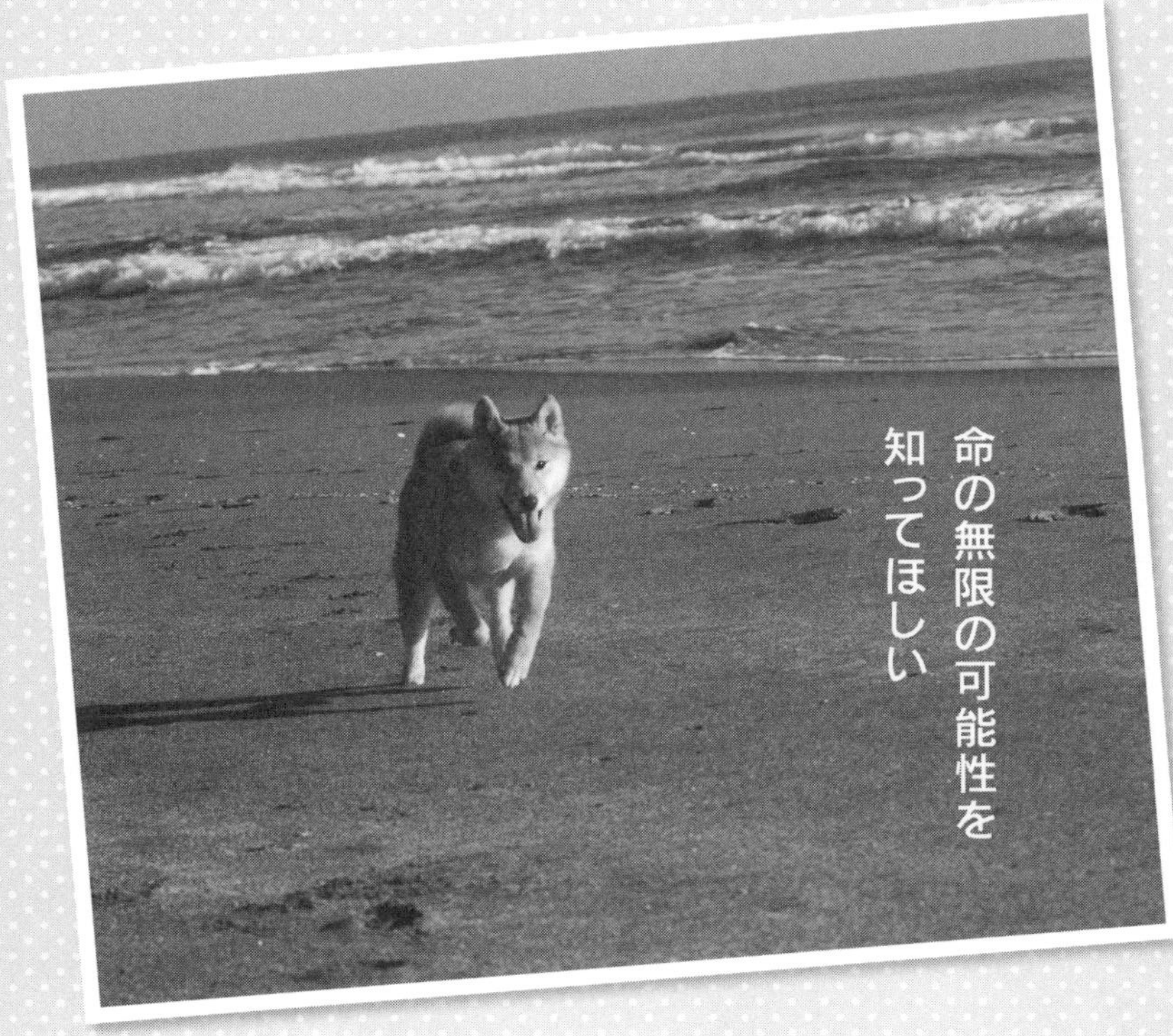

未来1歳！　アスファルトは歩けないが、海岸なら他の犬と同じように走ってジャンプ！
千葉県の九十九里白子海岸は未来の大好きな思い出の場所

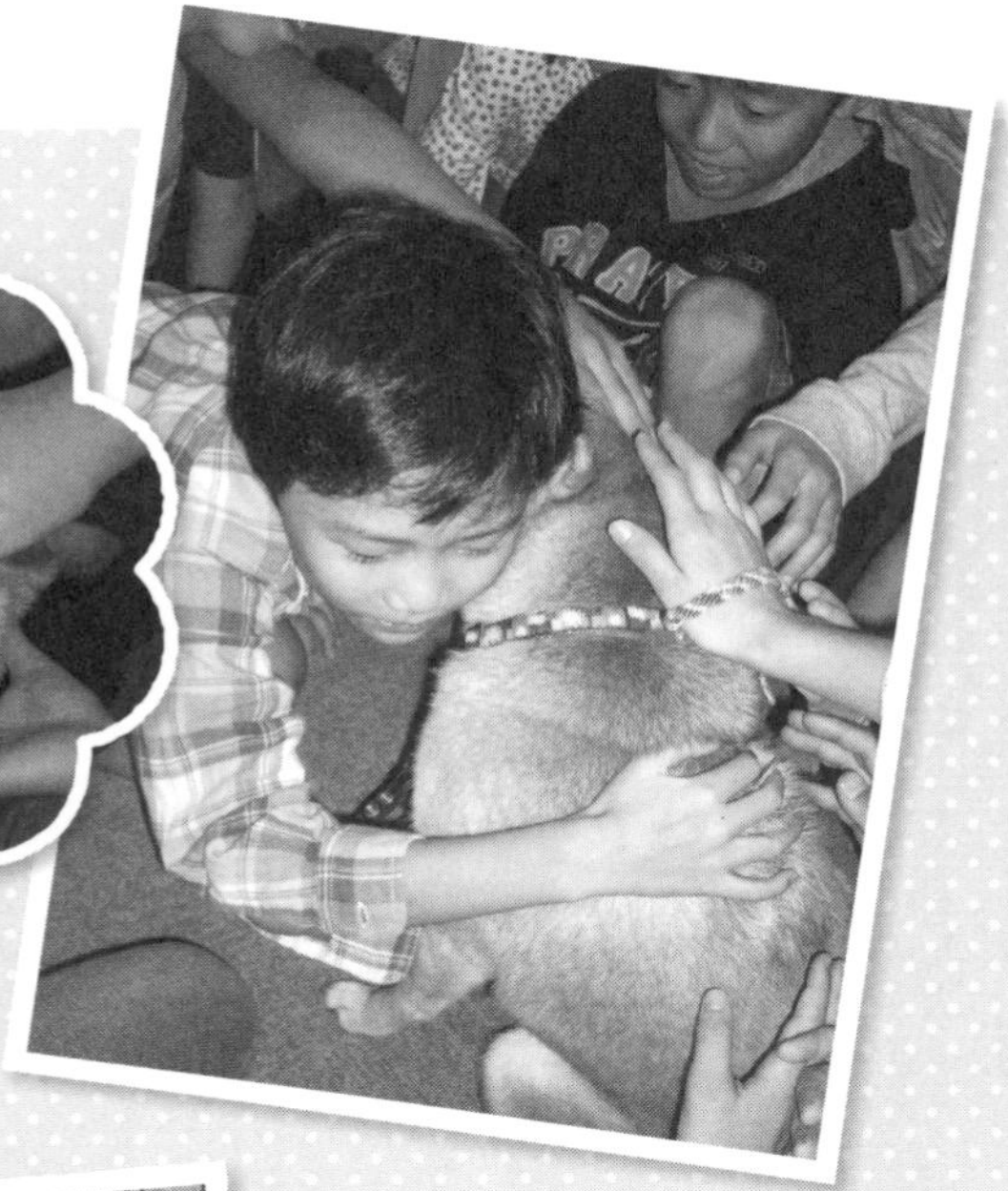

未来1歳半から学校での「命の授業」(講演会)を開始。未来が同行した施設数は139か所。ふれあった子どもの数は3万人以上。
一番の思い出は、東日本大震災被災地の宮城県の中学校。学校への同行は15歳半まで続いた

17歳の誕生日。
お肉をがつがつ
ペロリ

晩年になっても、
いつも笑顔で
元気♡

お散歩もお仕事中も、
ずっとずっと一緒だよ

ありがとう!
また会おうね!

著者紹介

今西乃子
児童文学作家。（公財）日本動物愛護協会常任理事。著書『ドッグ・シェルター』（金の星社）で、第36回日本児童文学者協会新人賞を受賞。執筆の傍ら、動物愛護センターから引き取った愛犬・未来をテーマに、全国の小中学校を中心に「命の授業」（講演会）を展開。主な著書に、『犬たちをおくる日』（金の星社）をはじめ、累計45万部突破のロングセラー「捨て犬・未来」シリーズ『捨て犬・未来　命のメッセージ』『捨て犬・未来、しあわせの足あと』ほか（岩崎書店）、『捨て犬未来に教わった27の大切なこと』『いつかきっと笑顔になれる　捨て犬・未来15歳』（小社刊）など多数。
https://noriyakko.com/
YouTube キラキラ未来チャンネル　@user-zh9vg9th1y

イラスト・マンガ：あたちたち
イラストレーター・漫画家。わんこが大好きでわんこばかり描いている。Twitterで公開していた漫画やイラストを新たに編集した電子版『しばいぬのあたちたち①～④』を配信中。YAHOO CREATORS / LINE STAMP 等でも活動。
https://www.atachitachi.com
twitter @atachitachi

写真：浜田一男
写真家。第21回日本広告写真家協会（APA）展入選。企業のPRおよび、雑誌『いぬのきもち』（ベネッセコーポレーション）等の撮影に携わる。
https://mirainoshippo.com/

うちの犬《こ》が認知症《にんちしょう》になりまして

2023年6月1日　第1刷

著　者　今《いま》西《にし》乃《のり》子《こ》
発行者　小澤源太郎

責任編集　株式会社 プライム涌光
電話　編集部　03(3203)2850

発行所　株式会社 青春出版社
東京都新宿区若松町12番1号 〒162-0056
振替番号　00190-7-98602
電話　営業部　03(3207)1916

印　刷　共同印刷　　製　本　大口製本

万一、落丁、乱丁がありました節は、お取りかえします。

ISBN978-4-413-23305-7 C0095

青春出版社「**捨て犬・未来**」の好評エッセイ

捨て犬**未来**に教わった27の大切なこと

人が忘れかけていた信じること、生きること、愛すること

全国の小中学校100校以上、2万人(当時)を勇気づけた「命の授業」とは——

今西乃子〔著〕

ISBN978-4-413-03890-4 本体1400円

いつかきっと笑顔になれる **捨て犬・未来15歳**

ロングセラー児童書「捨て犬・未来」シリーズの主人公・未来ちゃん初のフォトエッセイ

今西乃子〔著〕
浜田一男〔写真〕

ISBN978-4-413-11334-2 本体1300円

※上記は本体価格です。(消費税が別途加算されます)
※書名コード(ISBN)は、書店へのご注文にご利用ください。書店にない場合、電話またはFax(書名・冊数・氏名・住所・電話番号を明記)でもご注文いただけます(代金引換宅急便)。商品到着時に定価+手数料をお支払いください。
〔直販係　電話03-3207-1916　Fax03-3205-6339〕
※青春出版社のホームページでも、オンラインで書籍をお買い求めいただけます。ぜひご利用ください。〔http://www.seishun.co.jp/〕

お願い ページわりの関係からここでは一部の既刊本しか掲載してありません。折り込みの出版案内もご参考にご覧ください。